大是文化

熟客生意，八成業績來自回頭客

連續8年全國業績前三的個人教練、健身房經營者、小型企業行銷顧問
日野原大輔——著
郭凡嘉——譯

神・リピート集客術

我的「情感連結留客術」，不花錢培養回流客。
健身房、美容美髮、餐飲、顧問諮詢……
各行業都適用。

CONTENTS

第2章

面對那些首度上門的顧客

第3章 互信的威力

第4章 賦予驚喜和感動

第5章

為解決煩惱而存在所有服務都是

第6章 留客陷阱

第7章 讓顧客變成粉絲

推薦序一

讓回頭客成為你生意的護城河

鉑澈行銷顧問策略長／劉奕酉

在資訊多元化、選擇無限的時代，經營一家能長久生存、穩定獲利的店家，比以往更加艱難。許多創業者都在用心思索：該如何讓事業持續成長、歷久彌新？答案其實並不複雜——只要用心經營顧客關係，也就是培養穩定的回頭客。

作者日野原大輔在書中提出了可實踐、能複製的經營哲學，並主張：與其投入大筆預算吸引新顧客，不如將重心放在提升現有顧客的回流率。並以他經營的健身房為例，八成的業績來自回頭客，許多顧客甚至持續消費超過十年，這正是穩定營運與創造品牌價值的關鍵。

從「招新」到「留舊」，顛覆傳統的經營思維

許多創業者一開始集中火力在吸引新顧客，不惜投入大量行銷預算，卻忽略了提升顧客回流率的重要性。作者提出的「存量經營」概念，正是反其道而行。即便單一顧客消費金額不高，只要能持續回流，長期累積下來就是穩定收入與維持品牌的基石。專注經營回頭客，不僅能降低行銷成本，也能減輕因新客流失所帶來的壓力。

本書的核心觀點「情感連結留客術」（bonding），精確指出服務業的本質其實是「人與人」的互動，只有當顧客感受到關心、被記得，才會願意重複消費，甚至主動向親友推薦。

書中具體列出四個實踐步驟：一對一當面溝通、建立夥伴關係、私下交流、創造感動時刻，看似簡單的方法，卻需要非常細膩的觀察力與真誠

態度。小到只記得顧客的名字、主動關心對方近況，大到在顧客面臨困難時適時伸出援手，都能大幅提升顧客忠誠度。

之後，作者更進一步提出六大維持情感連結的原則，不僅適用於健身產業，同樣能廣泛應用在餐飲、美容、教育、顧問等，需要人際互動的小型企業。

簡言之，只要你的事業需要與「人」打交道，就能從中受益。與顧客之間的關係也絕非僅止於交易的當下，更該是他們人生中的「第三空間」——一個被理解、鼓勵，得以適度放鬆的地方。當你的商品、服務成為顧客生活中不可或缺的一部分時，生意自然會源源不絕。

書中讓我最有共鳴的，是作者對「真誠」的堅持。不鼓勵過度迎合、以廉價促銷吸引短期顧客，而是強調以專業為本，坦誠面對顧客需求，自信推薦產品與服務。即使面對不合理要求，一樣堅守原則和底線。

另外，經營者本身也應成為自家產品的「頭號愛用者」，唯有真正了解並熱愛自己的商品，才能將這份熱情與信念傳遞給顧客，以建立長久的信賴關係。

顧客的幸福，是生意的長遠目標

這本書不是一本快速致富指南，而是關於經營長久幸福事業的經驗分享。真正穩健的事業，來自人際關係的連結、信任與支持。當你願意花時間陪伴顧客、協助他們解決問題，甚至成為對方人生重要時刻的諮詢對象時，你的事業自然會穩健成長，無懼市場變化。

如果你正在經營小型企業，或即將踏上創業旅程，這本書提供了一套可實踐、能複製的經營藍圖，值得你隨時翻閱並付諸實行。只要用心經營每一位顧客，讓回頭客成為生意的護城河，就能使幸福的連結生生不息。

推薦序二

致處於數位轉型與競爭壓力下的經營者們

卓群顧問有限公司首席顧問／陳其華

無論你從事什麼產業或經營何種事業，最基本且關鍵的一點，始終是「顧客」。尤其當我們談論品牌經營，其底層邏輯其實就是「顧客關係的經營」。根據實務上的經驗，超過八成的新店面無法存活超過一年，但問題不在裝潢、產品，而是無法留住顧客。

許多新店開幕時，利用促銷手法，吸引大量人潮爭相排隊購買。但熱潮一過，嘗鮮的顧客便逐漸消失，在缺乏回流客源的狀況下，最終只能面對營運困境甚至倒閉的命運。

即使貴公司不是以實體門市型態經營，本質上也會面對同樣問題——沒有穩定營收，產品品質與管理再好、服務再優，沒有足夠業績都是白搭。根據二八法則，應將八〇%的資源投注在最關鍵的二〇%。對經營者而言，那二〇%就是回頭客，他們所帶來的營收不僅穩定，更具有高黏著度，正是企業最可靠的營運基礎。

無論是正在經歷成長期的新創企業，還是經營多年想重新發展第二成長曲線的老品牌，最終都必須回歸一個核心問題：你的顧客會回流嗎？當擁有足夠的回頭客時，事業才會有穩定的現金流，讓公司得以生存並持續發展。

這個觀念講起來簡單，在落實上卻極為不易，然而本書揭露了這個祕密。回頭客的本質——不在優惠、不在行銷手法，在於你是否成功與顧客建立起「有溫度的關係」。在市場理性、客觀的競爭條件下，你所擁有的，別人也可以複製、借鑑。

儘管如此，顧客的情緒與感受，其實非常主觀且無法量化，尤其在數位化與ＡＩ發展快速的當下，人對關係價值的感受，反而更加敏感。要做到情感連結，就需要經營者與團隊成員，用「心」來經營。

本書也打破了一般對藍海市場的迷思，尤其是中小企業不應執著於尋找需求不明、市場不成熟的藍海市場。相反的，紅海市場雖然競爭者眾多，但也代表擁有大量需求與足夠的市場規模。只要能打造出獨特的競爭優勢，就有機會在其中脫穎而出。這個觀念對身為專業管理顧問的我來說，極為認同。

《賺錢生意，八成業績來自回頭客》提供大量實用的方法與案例，從如何判斷正確市場，到建立與顧客的情感連結策略，最後打造促使顧客重複預約的機制。對於身處數位轉型與高度競爭壓力下的經營者而言，這本書非常值得一讀！

推薦序三

培養回頭客，絕非短期衝刺，而是一場耐心經營的馬拉松

均弘企管顧問有限公司總經理／陳家妤（Lulu老師）

出色的業績表現，從來不是由「成交」的那一刻決定，而是取決於「回購」的頻率與持續性。當顧客一次又一次的走進你的店，或是打開你的網站，才是虜獲顧客芳心、創造長期業績的有利證明。書中提到，吸引一位新顧客，相比留住一位常客，需要多花費五倍的成本。那麼仔細思考一下，就能得出——培養回頭客，絕對是需要花心思學習的一門顯學。

如何讓顧客不斷的回到你的店消費，個人認為有三大重點：

1. 創造歡樂的氛圍：

各位知道迪士尼（The Walt Disney Company）的顧客回頭率高達九七％嗎？其中關鍵不光是提供優質的服務，更多是善於創造無數次讓人難以忘卻的「記憶點」，還有迪士尼一直以來秉持的願景「We Create Happiness」（我們創造歡樂）。讓所有員工都以創造遊客的快樂為依歸，致力於讓他們留下美好回憶。

過去我在零售通路工作時，經常提醒第一線的夥伴們：無論顧客懷著怎樣的心情來訪，讓他們帶著笑容離開，是我們商家應盡的責任。因為美好的體驗，正是促使顧客回流的關鍵。所謂「心花朵朵開，荷包自然開」懂得有技巧的稱讚顧客，不僅能提升購買意願，也有助於營造愉快的氛圍，進而讓消費變成日常習慣。

2. 讓顧客感受到關心：

在這部分則有培養回頭客的六字口訣：分別是「傾、記、續、產、生、錢」這可是身為講師的我，所自創的一套精闢口訣。但當拆開這六個字，分別代表什麼意思呢？

- 傾：積極傾聽。與顧客交談時，用心聆聽，找出顧客真正的需求。
- 記：記錄重點。當顧客來店時，了解他們的種種喜好，並盡可能的完整記下。
- 續：故事延續。確實記住每位顧客的專屬資訊，再見面時都能透過閒聊加以延續。
- 產：產品相關。記錄顧客購買過的產品、曾索取的試用商品，當再次見面時，能延續產品使用心得，發展後續相關對話。
- 生：生活相關。透過記錄顧客日常瑣事並有所互動，逐步建立信任關係。

● 錢：金錢相關。明確掌握顧客的金錢觀，包括產品或服務中可接受的價格區間，以及在意的付費條件。

另外，我想在此分享一個親身經歷的故事。懷孕期間，我曾去一間美髮店整理頭髮。設計師一眼看出我正懷孕中，便寒暄了幾句：「懷孕幾個月了？是男寶寶還是女寶寶？」一段時間後，在某次造訪時，她竟然對我說：「妳兒子今年該上小學了吧？」讓我深深佩服她的記憶力。不僅詳盡記錄顧客資料表，還持續更新了六年之久。也因為這樣，我成了她的回頭客，一轉眼已經來到第二十年。

3. 顧客回購的四大因素：情、理、力、利

● 情：情感連結。過去在化妝品專櫃，有些櫃哥、櫃姐擁有一群「鐵粉」顧客，彼此建立起深厚的信任與情誼。只要一通電話，顧客便會爽快答應：「好啦！這個月業績還差多少？」接著毫不

猶豫的刷卡消費，幫他們補足該月的業績差額。

- 理：合理回購。這也是我最喜愛的一種消費方式，例如化妝品、保養品這類消耗性商品，用完之後自然需要回購。再比如本書提到的健身訓練，當運動變成一種習慣，顧客預約下次、甚至下下次課程，其實是再正常不過的事。因此，大膽的詢問顧客下次預約時間，不僅合情合理，更是一種對顧客成果的關心與專業表現。
- 力：有力商品。當自家推出一款新產品，是現有商品的進階版，或具備更優異的效果，應該勇於邀請顧客體驗、再次選購。
- 利：有利於顧客。如果顧客正在使用的商品出現特價或折扣，應於第一時間通知對方。另外，折扣與優惠須優先作為回頭客的促銷工具，而非輕易用在首次消費的新客身上。因為這時他們尚未真正了解商品的價值，過早給予折扣，反而會因此低估產品本身的價值，也會傷害商家的整體形象。

看完《賺錢生意，八成業績來自回頭客》這本書你會有所發現——真正撐起事業的關鍵，並不是源源不絕的新客，而是那些願意「一次又一次」光顧的老顧客。

本書作者日野原大輔，完美的示範他在經營小型健身事業時，所獨創的「情感連結留客術」，如何在面對大企業的競爭壓力下脫穎而出，創造出人均消費為業界三倍的亮眼業績。而書中內容與我過去的經驗不謀而合，由此可知這並不是一本空談理論的商業書，而是充滿實戰經驗與策略的現場教戰手冊，協助你將顧客從「初次光臨」轉化為「終身支持者」的實用法則。

另外，這本書不限於健身產業，同樣適用於各式各樣以人為本的服務行業。對於正在創業、經營小型企業，或是希望建立品牌忠誠度的人來說，是一本值得反覆翻閱與實踐的寶典。

推薦序四

客人就是朋友，沒有「當」朋友這回事

永慶房屋境娜團隊執行長／陳茹芬（娜娜）

許多人常問我，怎麼面對每個月業績從零開始？而我總是回應：每天都有認識、成交的人，怎麼會是「零」？

在我的汽車銷售生涯後期，已累積七、八千位客戶。每天一睜眼，就像有千百人排隊等著買車，而這種豐盛感，來自於長年累積與經營。只要心態正確，業績自然會旺。

《賺錢生意，八成業績來自回頭客》這本書談得很實在——回頭客是業務員最有價值的資產。以我為例，從汽車業務轉戰房仲，許多業績來自熟客與他們的轉介，有些甚至成為我人生中的貴人，對此我也由衷感謝。

書中詳盡剖析幾個關鍵：如何讓過路客成為回頭客？生意經營過程，如何提升單價、延續緊密關係？甚至細心講解需要避免的各種「陷阱」，幫助讀者節省獨自摸索時間。在這當中，我深刻感受到共鳴的章節包括：第三章〈互信的威力〉、第六章〈留客陷阱〉與第七章〈讓顧客變成粉絲〉。以下也分享一些我的實務經驗與深刻體會：

1. 客戶就是朋友，不是「當」朋友

這句話我時常在演講中談到，只要提起，現場都會驚嘆連連。因為人與人之間的關係無法偽裝，客戶能感受到你是真心還是做戲迎合。當心態不同，信任關係的起點也會因此出現分歧。

2. 真心，是業務最長遠的路

從產品推薦到售後服務，保持始終如一的誠意對待顧客，這樣的業務之路走起來才輕鬆、扎實。反之，一天換好幾種面具，不僅累，也不知道什麼時候會穿幫。

3. 閒聊不是亂聊，是蒐集情報的好時機

當你真正關心對方，自然想仔細了解這個人、關心他的需求。然而，業務的責任是促使生意成交，並不是偵訊辦案。與其質問預算、心儀的商品，不如懂得有方向的聊天，比如從天氣、前來原因、商品的預期用途等話題切入，循序漸進的掌握客戶輪廓。

4. 尊榮感，遠勝於無止境的折扣

給老客戶優惠是基本，但不應該是唯一手段。有時一句暖心的話、一個貼心的舉動，更能拉近彼此距離。例如泡茶時說：「今天特別拿出新買

的比賽茶，想讓你試試。」或平日送上一盒小番茄，簡單一句：「剛好想到你。」無形之中堆疊出尊榮感，也就是書中提到的客製化服務。

5. 做個被記住的人

業務員不用八面玲瓏，但要有特色才容易被顧客記住。就如我總會將特製鑰匙圈作為「信物」送給客戶；在社群平臺分享有溫度、有故事的貼文，往往比單純推銷更能引起共鳴，拉近彼此關係。

我的心法很簡單：「客戶就是朋友，朋友也可以成為客戶，兩者並沒有明確的界線。」只要秉持真心，廣結善緣，不只業績會來，人生的路也會越走越寬。我從賣車業務轉到房屋仲介，再到演講分享，始終如一，也因此認識了無數朋友、串聯了許多寶貴資源。

願讀者們看完本書後，都能業績長紅、人脈寬廣，每天開心工作、快樂生活！

前言
情感留客術，任何行業都適用

大家好，我是日野原大輔。除了在東京經營了幾間健身房之外，也是小型企業的顧問，專門指導如何留住回頭客三年以上的技巧。另外，我身為老闆，所擁有的健身房（瑜伽教室、皮拉提斯教室、個人教練）都是屬於員工在十人以下的小規模公司，卻達到了人均消費為業界平均的三倍，甚至被相傳為很難預約的健身房。

既沒有知名度又沒有財力的我，究竟是怎麼成功經營的？這是因為我採取了某種超越常識的戰略。**如果用一句話來總結，那麼就是不要花心思招攬顧客，而是應該把心思放在留住客人。**

假設把二〇%的心力花費在吸引顧客上，那麼就應該保留八〇%的精力留住客人。招攬顧客固然重要，但在經營事業時，最重要的是業績。**如果沒辦法吸引對營業額有直接貢獻的客人，那麼就沒有任何意義**。但是光是吸引客人，也不能保證他們會消費，若是缺乏「還想再來」的優點，那麼客人來過一次就沒有下文了。

許多店家在剛開張時，吸引了不少因好奇而上門的顧客，但結果卻是幾乎沒有人再來消費。有六〇%的店家由於缺乏回頭客，開張未滿一年就被迫倒閉。那麼，面對上門的客人，該怎麼做才能讓他們變成回頭客？

關鍵就在於接待客人，如果能讓顧客感受到來店消費的好處，而願意多次上門，後續經營就會越來越輕鬆。在經營管理當中，**獲取一位新客戶的成本大約是維繫一位老客戶的五倍**，這被稱為「一比五法則」。如果一味的追求新客戶，很快就會用盡資金。所以對小型企業來說，過度開發新顧客反而弊大於利。

相反的，我所經營的健身房專注於留住客人，因此達成由回頭客支撐起來的「存量經營」，**其中有許多會員已經是十年以上的老顧客**。

存量經營，也稱為持續收入型經營，即使從單一顧客獲得的利益較少，但是隨著顧客的增加，就可以持續的累積收入。換句話說，這種方式無須隨時開拓新的客源，就算這個月完全沒有新的客人，也可以保持目前所蓄積的穩定業績。存量經營的核心在於培養回頭客，而為了增加數量，就必須用心留住每位顧客，累積忠實粉絲。

這當中的祕訣就是確實與客人建立情感上的牽絆。我取自於羈絆的英文「bond」，並命名為「情感連結」。

這本書將告訴讀者，如果想要與顧客建立三年、五年、十年、二十年，甚至是一輩子的情感連結，讓他們重複消費你的商品、服務，究竟該怎麼做、有哪些要領。

除了小型企業的老闆之外，如果想要創業，希望你能學會情感連結留客術，進而實踐。期待大家都能和我一樣，實現由回頭客支撐起來的存量經營。

此留客術不光能用在健身產業上，也可以應用於英語教室、各種才藝班、講座的講師、諮商顧問、美容美髮、美甲工作室、餐飲業、牙科診所等，**只要是小型企業，無論是哪種領域都可以運用**。下一個創業並打造一間充滿回頭客店家的人，就是你了！

在人際關係變得淡薄的時代裡，留客術的用意，就是要和客人一起建立現今所需要的情感連結，創造顧客想要回頭消費的誘因。若想達到這個狀態，就須按照以下四個步驟進行：

1. 第一步，一對一當面溝通：為了讓對方覺得彼此很合得來，就要配合對方的頻率，留下深刻印象。
2. 第二步，建立夥伴關係：找出顧客的夢想、目標，用自家商品、服務或技術來解決對方的課題，和客人為實現目標一同努力。
3. 第三步，私下交流：刻意不把對方當成服務對象，透過這樣的溝通方式，店家就可以升格為顧客商量人生問題的對象。

4. 第四步，創造感動：與顧客共享感動，就有可能創造源源不絕的預約與回頭消費。

若能遵循這四個步驟，就可以大幅提升顧客成為回頭客的可能性。

一位客人每週皆來店裡消費的話，大約持續兩年就會消費一百次，這和十個人消費十次一樣，都能達成一百次的預約數量。如果一次消費的單價是兩萬五千日圓（按：全書日圓兌新臺幣之匯率，皆以臺灣銀行在二〇二五年七月初公告之均價〇．二〇元為準），那麼只要有十位每週都會來一次的回頭客，就能達成兩年間，每個月一百萬日圓的銷售額。

接著，與顧客建立穩固的情感連結時，其中包含重要的六大原則：

- 原則一：時機。
- 原則二：距離感。
- 原則三：對話量、附和。

●原則四：推廣力度（宣傳程度）。
●原則五：共同目標。
●原則六：接觸頻率。

本書會針對這六個原則詳細的解說。

情感連結留客術是由人所建立起來的經營模式，對小型企業非常有效。因為這種手法無須依賴說明書，就可以做出有彈性且小規模的應對。例如經營投幣式自助洗衣店，不需要人力也能運作，但是如果賣家與買家能有所接觸，那麼就會產生好感、親切感、尊敬等。

「感動」的本意是情感的觸動，如果你想用自己的商品、服務或技術讓客人覺得感動，那麼就應該觸動客人的心弦，讓你和客人的心有所羈絆、連結在一起，並且維持長久的關係。

第 1 章

賺錢的店，
八成業績來自回頭客

1 「放下馬桶蓋」的細節

大多數的創業家一開始會碰到的障礙，大概就是吸引客人了。由於一開始知名度還很低，該如何從零開始招攬客人？或許你想了又想，最後只能發送傳單或寄送廣告；也有人會建立網站，使用網路、社群媒體廣告增加名氣。不過根據不同的行業，舉辦免費的講座和活動也大有人在。

在一邊嘗試並想方設法的階段，就算有煩惱但只要透過行動，還是可以感覺到自己正在向前邁進，不過這並非真正的障礙。**真正的障礙是——即使招攬到客人，若僅消費一次，仍難以成為回頭客。**

即使你努力的吸引客人，卻還是找不到能感受到自家商品或服務價值，並願意為此付出金錢消費的回頭客時，這不僅是沉重的打擊，同時也會讓人相當絕望。

其中的原因在於，如果大部分都是第一次上門的顧客，就必須不斷將勞力、心力與金錢放在開發新客戶。事實上，這就是導致難以加快事業推進，讓經營者的情緒無法穩定的元凶。

例如你想要在某個地區開創新事業，而此地的居民只有一百人。你對這一百個人提出了免費體驗活動的資訊，當所有人都來體驗過後，卻沒有人再來消費。

這時候你會怎麼想？這個地區的所有居民都認識我，但卻沒有人要成為我的顧客。這麼一來生意就會無法經營下去，就像用樹木燒成的灰燼施肥，初期或許有效，一旦土壤失去肥力，只能移到其他耕地重新開始。

過去我也有這種慘痛的經驗。在某間健身房擔任了大約七年的健身教練後，我在十四年前首次開了第一間店。並且向當地的居民提供了免費的體驗課程，那時大約有二十個人來參加。

我在健身房工作的時期，前來體驗的人有九成九都會當場加入會員，因此我心裡非常樂觀的預測：「如果自己開了健身房，他們一定會成為我的回頭客。」但是實際開店之後，不要說九成九了，就連一個跟我預約下一次課程的人都沒有。我花了一整年的時間非常努力的準備，為了挑戰自己的人生而創業，沒想到卻是這樣的結果。

這就好像是被全世界否定了一樣，當時我甚至消沉到晚上都睡不著覺。但之後仔細想想，過去我所工作的健身房，其實有以信用為名的堅強後盾。除此之外，我還是首席教練，可以用「只有這個時間有空」的稀有性作為招牌，因此幾乎可以讓所有來體驗的人立刻加入會員。

但是當自己開店之後，顧客一開始當然是零。如果沒有顧客，那麼首席教練就沒有價值，自然也就不能作為招牌。

除此之外，還有一位年約四十歲來體驗的女性客人，當時她所說的一句話讓我永生難忘。在體驗課程結束後，她問我：「這間店的目標客群是什麼樣的人呢？」我回答：「三、四十歲的一般女性。」她接著說：「既然是這樣的話，至少要把馬桶蓋放下來比較好吧？」雖然很慚愧，但當時我完全沒有想到站在顧客的角度看見這些細節。那麼，回頭來看，我應該要怎麼做才好？

當然，為了要提升店鋪的知名度，應該要招攬客人。但是如果只靠免費或打折，這類小聰明吸引大眾，他們就會想要再來嗎？答案絕對是不。

比起小聰明，應該要把精力放在：怎麼讓吸引來的客人，下次也想要消費，也就是該怎麼接待客人。換句話說，**接待客人的方式，決定了企業的命運**。

如果能事先掌握本書所傳達的留客術，那麼你也可以找到屬於自己的回頭客，並且絕對比當初的我還要有優勢，因為你已經找到這本書了。

在接下來的篇章裡，我將說明市場選擇對小型企業的重要性。

2 ▼ 選藍海還是選紅海？

不用我多說，小型企業的魅力就在於，可以經營自己想要做的生意。但成立小型企業時，有一個很大的陷阱，那就是——市場選擇。

接下來想要創業，或者只是經營副業，但因為招攬顧客而苦惱的人當中，或許有人會認為：「我有自信可以高價提供，這個市場從未出現過的服務。」、「我要開一間世界獨一無二的店。」如果可以實現這些目標，那確實值得讚許。若是加入藍海，也就是尚未開發或競爭較少的市場，就會有很多人對你的商品、服務有所需求，那麼你就可以獨占市場先機。

但是，當你覺得這個劃時代的點子，是別的地方找不到的，於是開始行動的話，可能就會有危險。尤其是小型公司，更是不能把目標瞄準在藍海上。

其中的理由就是，**所謂競爭較少的領域，反過來說就是需求沒有這麼多、沒有出現賺錢的人**。假設有人支持這項服務，但想要擴大市場規模，相對的也需要花費龐大的資金與時間。總而言之，把目標瞄準藍海的話，往往只帶來高風險，且難以獲得實質回報。

與其如此，不如投入競爭激烈的紅海市場，留住客人的目光。所謂競爭激烈的領域，與前述相反，是有需求、市場規模大，能賺錢的事業。

首先，要做的事就是達成顧客的期望，再從當中加上自己想做的事。事實上，這是不需要花錢或時間，就能以最少的精力招攬客人的方法。

例如我在思考獨立創業時，加壓訓練法在三十至四十歲的就業女性之間越來越受歡迎。這種健身法是以專用的束帶，綁在腳或手腕等肢體末端，透過施加壓力來限制肌肉中血液循環的訓練方式。相較於一般的訓練方法，這種方式能以更短的時間、更輕的重量刺激肌肉，打造出容易燃燒脂肪、不容易胖的體質，在短時間之內達到節食的效果。

當時並沒有時間性價比這個用詞，不過我深信這種訓練法正是符合忙碌社會的健身方式。因此我取得了加壓訓練法的證照，一邊在當時工作的健身房裡，開設加壓訓練法的課程，同時也到其他採用加壓訓練法的健身房上課，並且學習健身房的營運模式和預約系統的管理等相關知識。

也就是說，我刻意的瞄準紅海市場，並付出實際行動。另外健身房的名字，如果取為「日野原大輔健身房」，根本沒有知名度，因此我別有用心，命名為「加壓健身房 Lib（Life is beautiful）」，更容易讓人產生共鳴。

我想要實現的目標是，幫助在普通的健身房無法持續下去的三十至四十歲女性，變得更加美麗。如今加壓訓練法已是健身房的課程之一，除此之外我還經營了瑜伽教室、皮拉提斯教室、個人教練健身房，這樣的經營理念，從十四年前就沒有改變過。

我還為了讓想要變瘦變美，但總是三天打魚、兩天晒網的人感覺是被說中了一樣，所以特別在健身房網站的標語、用色和架構上投注了心力。

接著我更是選擇了人流密集、位於車站周邊，娛樂設施眾多的地點，因為我考慮到顧客的立場，這個地點更方便定期光顧。

如果是在較少人利用的車站，或者是離車站較遠的地點，對客人來說就會很不方便，過來一趟就會變得很麻煩；有些對自己的技術非常有自信的人，會認為：「就算是距離車站十五分鐘的地點，客人也一定會回頭消費。」但其實並非如此。只要地點不佳、遠離客人日常的行動路線，那就很有可能在大家都還不太知道的狀況下，就關門大吉。

選擇場所應避免採取藍海策略，要優先考量顧客的期待才行。

3 ▼ 重複曝光效應，好感度會增加

大家都聽過積少成多、聚沙成塔吧。微小的東西累積起來，也可以變得很龐大。最近在日本，就流行積沙存錢法、積沙減肥法等。

其實這裡所說的積沙，就是指每一個顧客反覆的上門消費，累積起來就能成為龐大的業績。不是說一百個人一口氣同時上門，達到一百萬的營業額，而是一個人長期消費一百次，達到一百萬的收入。雖然比較花費時間，卻能多出數倍的價值。

各位有聽過「重複曝光效應」（Mere Exposure Effect）嗎？指與對方接觸的次數增加，對他人的興趣和好感也會隨之增長的心理學效應。大家面對見過第二次、第三次的人，也一定會比初次見到的對象更有親切感、更有興趣，也會想要知道更多關於他的事。

做生意也一樣，**接觸的次數越多、見到面的時間越長，與顧客的連結就會越深**，以此培養出重度消費者。如果能增加這種顧客，將有助於對抗不景氣的狀況。

如果要提到這幾年的不景氣，無非是新冠疫情。全世界各種生意、事業，或多或少都受到影響。尤其是餐飲業，更是受到國家或地方政府政策的要求限縮營業，疫情趨於平緩後才重新開張。但是有很多店家由於客人的腳步沒有回流，而導致關門歇業。另一方面，擁有眾多常客的店家，卻得以恢復到過往的門庭若市。

健身房的營運結果也出現了分歧。所謂的健身，是許多小小的努力累積起來，透過積少成多最終獲得成果的商品。健身其中一個原則是反覆性，又稱為持續性。誠如其名，如果沒有持續的話，就無法達成健身的效果。例如有一個人想要減重十公斤，所以他持續去健身房接受教練的指導，經過了三個月、半年、甚至是一年，終於瘦下十公斤，才獲得了商品。這麼一來，就算很花時間，卻會產生情感連結。

在反覆上門的過程中，和教練接觸的頻率增加，顧客也會漸漸產生信賴。以心理學來說，就是建立互相信任的關係。因此，就算有突發的不景氣，對於已累積信任關係的健身房來說，就會讓顧客「還想要再去」、「想要繼續上課」。儘管沒有承諾，卻自然形成這樣的趨勢。以結果來說，就能帶來穩定的營業額。

此外，店員與顧客的連結越強的店家，就算遇到突發的問題，也不用被迫招攬新的客戶，而是可以安心的持續經營；相反的，在新冠疫情期間陷入苦戰的健身房，或許都致力於提供最新的機器、僅試圖充實硬體方面的設備。

但事實上，會想要讓人還想要再去的理由，並非硬體設備而是軟體，也就是「人」。不只健身房，餐飲業也是，只要建立起互相信任的關係，讓人覺得「雖然很辛苦，但是只要去了那裡，就能見到那個人」、「好想要跟他說說話」、「想要去支持他」，那麼客人就勢必會再回來。

人們究竟是會遠去，還是再次光顧，這其中的分水嶺不分業界，重點就在於人與人是否有情感上的連結。

4 ▼ 有人氣的定義

讓客人覺得還想要再見面的人，究竟是具備了什麼特質？

我在擔任健身教練之前，曾經當過演員。當時的導演告訴我：「請努力成為一位能匯聚『人的氣』的演員，如果只有會演戲的實力，還沒辦法成為一位受歡迎的演員。當你有吸引目光的特質，就能聚集人氣，成為受歡迎的演員。」但在我還是演員的時候，並不理解這番話。直到我開始擔任健身教練，實際和顧客接觸後，才有所理解。

怎樣的健身教練能聚集人氣？我有一道很明確的算式：「做人處事的能力」×「知識」×「體力」。得到的數字越大，人氣就越高。

計算人氣的三大要素與算式

首先，這裡的「知識」以健身教練來說，就是知道肌肉部位的名稱、身體的構造，或理解要從哪一個角度伸展會有效果等。如果以這個世界上所有行業來思考的話，就是經驗。

接著是「體力」。指導重量訓練的人，大多數胸肌都很發達；瑜伽老師身體都很柔軟；皮拉提斯老師則是可以做出細膩的動作。把自己的身體當作商品，顧客看了就會覺得很有說服力。如果是餐飲業的話，裝飾擺盤就很重要；至於服飾店，或許就是店員的穿著、只要看一眼就能知道商品的好壞。

不過要培養知識與體力，是需要花時間的。就算記得一個肌肉部位的名字，但如果無法好好告訴客人，就說不上是知識，因此包含表達方式在內，都需要經驗的累積。另外，即使鍛鍊身體，光是做一次仰臥推舉，胸肌也不會一夜之間就變大。不過只要持續的訓練，就能從一變成二、二變成三，絕對不會回到原點。

至於「做人處世的能力」是不需要花時間，就能提升的能力。

例如有一位健身教練 A，當他狀態好的時候，會很有精神的打招呼，展現出令眾人都印象深刻的笑容，還能給予令對方感動的反應。以分數來說，可以說是一百分中的滿分；但相反的，如果他前一天跟家人吵架，帶著壞情緒來上班，打招呼的聲音只有平常的一半、臉色陰沉，對客人的回應也很隨便，分數就變成負五十分了。

如果是這樣的話，就會造成他人的困擾，因此需要有效的情緒管理。如此一來，**就算沒有經驗，能利用正面思考去接待客人**，仍可能維持高水準的服務分數。

以我個人的經驗來說，在二十五歲剛成為健身教練時，我完全不知道人體骨骼的名稱。現在說出來或許會被笑，不過我那時覺得肩胛骨是只要動了就會健康的骨頭。儘管如此，我之所以能成為人氣教練，是因為無論何時，我都會以燦爛的笑容打招呼，並且熱情的對待客人，希望他們早日獲得期望的身材。

我總是非常正向的鼓勵對方，或者一看到進步就會馬上給予肯定，這樣一來顧客也會變得正面，也就是建立關係的第一步。

我當時既沒有知識也沒有技術，不過說到想要為他人做點什麼的熱忱，那肯定是一百分。而這樣的想法也一直延續到了今天，毫無改變。

5 一百位新顧客，不如來一百次的老顧客

許多健身房和游泳俱樂部的經營模式，前提都是會員終將不再前來，從此變成幽靈會員，這其實是業界公開的祕密。若會員都充滿幹勁，經常來上課或使用設施，那麼健身房很快會變得擁擠不堪，無法經營。

這其中也包含健身會員並不固定的問題，日本健身的人口大約是三%至四%，和美國超過二〇%的狀況有很大的不同。也就是說，大家在爭奪原本就不多的資源。

如果是大規模的公司，可以利用廣告增加客人，但其中有八成會成為幽靈會員，過沒多久就會退會。因此我強力建議，**與其找一百位新顧客，**

不如一位會預約一百次的客人。

這是因為，我希望顧客能夠藉由定期去健身房，感受到人生變得更充實與富足。而我直至今日大約維持著三百位重複預約的客人。託這個福，我也能擴充品牌的種類，順利的開了第二間、以及第三間店。

在這個競爭激烈的行業，我就是使用情感連結留客術，靠回頭客成功建立存量經營。

無論你今天做什麼生意，只要重視既有的顧客，你的熱忱一定能傳達給對方。該如何成為讓人想要回來的地方？如何讓一個人預約一百次？這是所有做生意的人，都應該思考的問題。

請回想一下住家附近，一定有一些過去你經常光顧的店家消失了。不過其中一定也有從你出生到現在，都還存在的店鋪。之所以能持續幾十年，其共通點在於它們是有粉絲的店。然而，業務標準化的接待方式很難獲得粉絲，因為這和重覆說著固定用語的機器人一樣，無法與對方產生情感連結。在面對支持我的顧客時，有一件我非常重視的事——以真心對待他們。例如這樣的店家：

- 誠實的告知商品或服務的缺點。
- 如果商品不符合需求，或不適合對方，便坦率說出。
- 對於有自信的推薦商品，就會直言「不買的話就虧大了」。

能夠生存下來的店家，大多數皆是如此。這些店的員工保有主體性，為了要讓眼前的客人幸福，他們在工作時總是充滿活力。而當客人感到真心，就會成為這間店的粉絲，並且想要一來再來。

在日文中我回來了「ただいま」（Tadaima），據說來自於盥間「たらい間」（Taraima）。盥間意味著剛回到家時，一邊用盆子洗腳、一邊和家人聊著這一天發生大小事的時間，正好是最適合家人之間的暗號。

所以在接待客人時，我也期望你能做到讓客人說出「我回來了」而努力。讓你的服務成為某人的歸屬，並持續五年、十年、甚至二十年。

6 ▼ 打造「第三空間」

在日本，最近經常會聽到「第三空間」（the third place）這個概念。誠如字面所見，指既不是家、又不是職場的第三個場所，並且在這其中能深刻感受到放鬆與安定。

人為什麼會想要去第三空間？簡單來說，因為那是一個能夠脫離日常生活的環境。

人類都會有一種「我是誰」的自我認同意識。對妻子來說我是丈夫、對小孩來說我是爸爸、以健身房的員工來說我是老闆，而對客人來說我是健身教練，有的時候則是研修講座的主講人、事業經營的顧問，在出了這本書之後，又成了作者。

我並不會總是思考什麼才是真正的自我，也不常探究自己的本質，而是會隨著不同的場合、不同的對象，演繹著「我是〇〇」的角色。

在第三空間裡，人們可以卸下這樣的自我認同。也就是說，可以不用再演繹外界期望的角色。

只要到了這裡，就可以卸下老闆的頭銜，以完全平等的立場對話；又或是平常以上對下姿態的人，可能在這裡被責罵；平常不受關注的人，或許在這裡受到讚揚。

對不同人來說，感覺舒適的空間有所不同，不過如果能感受到日常生活沒有的體驗，成為與日常生活中不同的自己，就會讓人還想再去，無論去幾次都不會感到厭煩，這就是第三空間的特徵。究竟要如何在自己的店裡創造出這樣的狀態，這就是我們的課題。

如何成為顧客的「第三空間」

最大的線索就是第三空間裡，絕對需要有「人」作為媒介。

如果單獨一人去夏威夷，最初會感到很自在，不過可能一個月後，就會感到厭倦。同樣的道理，如果是健身房的話，就算有最新、最充足的健身器材，最後還是會因為失去新鮮感而覺得無趣。當其他地方有更好的設施時，顧客大概就會往那裡移動。

如果客人不會離開，表示那裡一定有些什麼，而答案就是熟人，在那裡有著只要見到面，就會讓人覺得安心的店員。要是還能創造一個足以提升士氣、提高目標達成可能性的空間，那麼顧客就會更想要再次光顧。

我有一個屬於自己的第三空間，那是一間從二十多歲時，就經常會去的義式餐廳，那間店的老闆曾經說過一句讓我覺得很衝擊的話。

某次吃完飯時，我說：「老闆，今天的菜也很好吃喔，謝謝！」而老闆對我說：「那當然啊，畢竟是我煮的嘛！」如果是一般店家，都會把客人當作神。如果受到稱讚，都會理所當然的道謝，而向客人炫耀完全是違反接客之道的行為。

但是仔細想想，老闆以自己的工作為榮，所以並沒有對此表現謙遜，反而是直率、驕傲的表達出來。當老闆端出自己有自信、很好吃的料理，而我也覺得很美味的同時，這就是非常出色的雙向互動，超越了店家與顧客的關係。

如果只是和普通的店家一樣，對客人表示過多尊敬的話，我是否還會這麼喜歡這間店？這位老闆以絕佳的方式，教會了我「將顧客視為平等的關係相處，而非僅是服務對象」的重要性。

以這件事為契機，我更加喜歡這個場所。每當我想要吃義式料理時，只有一個選擇，早已無須和別的店比較。我甚至在那間店裡，賭上我自己的人生——向另一半求婚。因為在這個地方有著種種回憶，所以就算是在新冠疫情的期間，我也會希望這間店不要倒閉，而頻繁的光顧。

我所期望的健身房，就是像這樣的空間。刻意不以傳統方式對待顧客，而是抱持著自信，讓他們知道我所傳遞的商品有很大的價值。

這麼一來，客人也會覺得安心，並開始定期的光臨健身房。如果有人覺得腰很痛，就會因為信賴我，並想到：「如果去找日野原先生的話，他應該會幫我想辦法。」**如果與顧客建立像朋友一樣的信賴關係，就可以拉近彼此的距離**，這也是讓自己的店成為第三空間的祕訣。

7 ▼ 將店員明星化

經常有人說要用店員吸引粉絲，而不是店家本身。

例如我所經營的健身房、瑜伽教室等，需要理解身體組成的專業人士指導、給予意見。也就是說，這是一門沒有人就沒辦法經營的生意。雖然也是有無人健身房，透過節省人事費，以一個月只要兩千九百八十日圓，就能無限次使用作為賣點，以此拓展多家店面。

不過，因為是大規模企業，才做得到這一點。如果是小型公司做了同樣的事，儘管剛開始可能會很順利，但是當附近開了一間規模類似、稍微便宜五百日圓的店，客人就會往那邊流動。因此，回到小型公司以人來提供服務的本質時，店員能不能吸引、留住顧客，就變得至關重要了。

當然，這對老闆來說也會有風險。例如客人固定配合的個人教練，突然辭職出去創業的話，那麼客人很有可能就會一起退出。在過去，我的健身房也曾經有過這種苦澀的經驗。

不過就算員工辭職，還是會有新人進來，如果上門的客人成為新員工的粉絲，還是能增加回頭客、穩定事業的經營。我希望你不要害怕顧客跟著店員，而是要以熱忱來面對。我在教練培訓課程上總是說：「要主動對客人感興趣，才能打動對方。」詳細的內容會在後面說明，不過訣竅就是「記住客人的臉和名字，並且主動與對方交談」、「注意到對方的變化」、「用工作以外的共通話題炒熱氣氛」、「展現自己的弱點」，這些都能拉近與客人之間，所謂心的距離。

實際上，依照上述方法執行的教練們，毫無意外的都廣受顧客歡迎。其中最重要的部分就是注意到對方的變化。先不說我是一個健身教練，作為一個人，只要懷抱著想為他人做些什麼的心意，自然而然的就會注意到對方的變化。

對於總說不擅長社交的人，我都會告訴他，一開始可以試著說說看：「你最近剪頭髮了嗎？」原因是頭髮的變化要在非常近的距離，才會注意到，如果不關心對方的話，是說不出這句話的。

要是每次都能發現這種細微的地方，就會更容易看見重要的變化。以健身教練來說，身體的變化就是我們的商品，因此可以說「你身體的柔軟度變好了」、「臂部的肌肉有提升喔」，比客人更早一步注意到他們的變化。以此打動對方，營造出安心感，使對方產生：只要跟著這個人，就能變得更好的期望。因為**無論是誰都會對關心自己的人抱持著好感**。

這個方法既不用花錢，也不必從一開始就繃緊神經。員工的粉絲增加的話，這些粉絲也會產生想要為員工付出的意願。比如想要幫助對方、讓對方開心等。如此一來的好處就是，在推薦新商品或相關服務時，也變得更加容易。

8 ▼ 回頭客與新顧客的最佳比例

在閱讀這本書的你，想必也有一、兩個讓你覺得還想要再去、想要見到那個人的場所吧——每次去都能聊得很開心，就算不用仔細說明對方也能懂，可以安心的讓他服務。

我也有一間很喜歡的古著店。說到衣服，不管是在哪裡買都可以。但只要光顧那間店，店員就會以我的角度替我選擇商品：「最近進了幾件日野原先生會喜歡的衣服，我有幫你留下來喔！」這也大幅提升我的購物意願。如果是屬於古董級的商品，對方就會告訴我這件衣服製作的相關歷史，也同時增加我的知識。而且古著通常只有一件，既不會撞衫，與店員之間的距離又讓我感到非常舒適，這對我來說是一段非常幸福的時間。

我大約一個月會去這間店一次，幾乎成為固定行程，由於每次都懷抱著期待，因此總會消費。當每次商品都能賣出，對店家來說，也是一件開心的事，如果目標銷售額是一個月一百萬日圓，那麼越多像我一樣的回頭客，下個月、再下個月的業績一定都會很穩定。如果自己的店裡也充滿了這樣的客人，就不需要焦急的招攬新客人了。

不過，無論多麼努力回應對方的要求、怎麼投注精力提供周到的服務，有時還是會失去顧客。就算客人想要回頭上門消費，也會出現搬家、家庭狀況、經濟方面等，讓客人無法再度光臨的問題。尤其像是新冠疫情這種狀況發生時，我們是無法用自我意識來控制顧客的行動。

此外，有些行銷的書籍主張「不能只一味的開發新客源」、「要創造光靠回頭客就能獲得利益的生意」，不過**就算店家在這一方面多麼有熱忱或氣魄，也不會有永遠一直上門的回頭客**。

回頭客的二八比例

先從結論來說，一邊維持八成的回頭客，一邊尋找兩成的新客，並且努力留住他們，維持這樣的循環非常重要。

以人類的身體來說，就是把食物放入嘴巴，在體內吸收營養成分，最後將無法消化的東西排泄；再度進食，並補充被排出的營養、再度排泄。當我們的身體處於隨時代謝的狀態，就是最健康的情況。一邊維持身體的基礎運作，一邊攝取食物，補充不足的養分，並重複這個循環。

經營生意也是一樣，要一邊鞏固店家核心的回頭客，並適度的吸引客人。同時努力的留住新客，以此促進代謝。

如果能夠保持這樣的狀態，店家就能維持健康的經營，這種攻守兼備的想法是不可少的。不過我們不能投注太多精力留住新顧客，而罔顧了回頭客。例如當舊客戶介紹新客時，為了不讓幫我們介紹的舊客人失了面子，我們通常都會很認真的對待新顧客。

然而，應該重視與善待的，其實是那些主動為我們介紹的忠實顧客。如此一來，店家與顧客之間的信賴關係才得以成立，而顧客就會以粉絲的心情支持店家，並且幫忙介紹。如果我們光把重點放在新的客人上，那麼介紹朋友的舊客人就會不開心，很有可能突然對店家感到心涼，甚至不再光顧。

另一方面，和新顧客還沒有建立起信賴關係，店家與介紹者之間的關係又不佳的話，新顧客也很難留下來，最糟的狀況就是兩種顧客都離開。如果在這種地方判斷錯誤，經營反而會變得不穩定，風險也會增加。

由此可知，一定要在回頭客與新客之間取得平衡，思考如何留住這群顧客，並且讓他們成為店家的粉絲，產生「我不能沒有這間店」、「要不是這位店員，我就不想去了」的想法。

接下來的第二章，我會聚焦在留住客人的技巧，進一步的討論。

第 2 章

面對那些
首度上門的顧客

1 ▼ 一定再來 vs 一星評價

小型企業如果想要增加回頭客，有一件很重要的事，就是一定要讓初次上門消費的客人感動。儘管如此，我們也沒必要為了讓第一次來的客人說：「這間店實在是太棒了！」而做出過度的表現。

首先，明確傳達「這間店是為了什麼人而開」的理念。

以我所經營的健身房而言，就會先告訴客人，這裡的目標客群是想變瘦、變美，但是平常沒有運動習慣的人。而我們的健身房正是為了這種人而存在。

許多曾接受過個人教練或皮拉提斯訓練的人，大多是不夠滿意自己的身體部位，或者缺乏自信。但是從學校畢業之後，就不太有機會運動，對自己是否能持續沒什麼把握。

但是在看到我的網站後，他們往往會產生再次嘗試的念頭：「如果是這裡的話，或許就能持之以恆了。」這是因為，我們盡可能的提供運動新手也能堅持、顧客能有所改變的理由、以及排除消費者不安的資訊，如介紹健身計畫、實績、店家的方針等。

迎接這些客人時，我通常會對他們說：「你已經十年沒運動了嗎？是不是怕自己沒辦法持續？太好了，我們的健身房正是為了許久未運動、想重新開始的人而精心打造的。」聽到我這麼說時，客人們便會覺得這跟網站的內容相符，信賴度就會提升，並且讓人確信：「這裡果然就是我要找的地方。」

當客人在第一次上門能如此應對時，自然的就能讓對方開心，也就會吸引更多人逐漸上門。

關於第一次上門的顧客

例如「為什麼我們會想用有機蔬菜做漢堡」、「為什麼我們會特地從美國採購這個牌子的衣服銷售」，在一開始就告知這些疑惑很重要。這麼做的話，客人就能快速的重新確認，自己所追求的東西和這間店的商品、服務是否一致。

如果網頁上寫的內容和現場員工的態度完全相符，就會讓人產生類似於共鳴的感動，也能一口氣拉近心的距離。想要創造這樣的狀態，首要之務就是盤點自身。請回顧自己的過去，並設想未來的發展，審慎思考以下這 5W2H：

- When＝什麼時候執行。
- Where＝在何處進行。

- Who＝誰來進行。
- What＝要做些什麼。
- Why＝為了什麼而做。
- How＝該怎麼做。
- How much＝以多少經費經營。

這麼一來，就能看見屬於自己風格的經營型態。接著，在心裡**把最想要傳達給客人的重點，明確的用文字表達**。

雖然這是理所當然的事，但是如果你想傳達的訊息並不明確，那對方也不可能接收到正確的內容。相對的，如果你有一個清楚的答案，那麼無論什麼樣的客人前來，都不會模糊焦點，這就是你該具備的理念。

但是，如果沒辦法清晰的傳達自己的理念，或者對方不知道你的服務究竟是以誰為主要客群。那麼很遺憾的，結果很有可能就是讓第一次來消費的客人感到失望。

例如一間健身房，主要客群明明是沒什麼運動經驗的人，卻沒辦法提供新手的訓練課程、健身房的實績等，那就很容易產生不符合客人需求的狀況。要是運動老手誤入這間，以不太擅長運動的人為客群的健身房時，不僅會讓人覺得不滿意，更無法解決他的煩惱。

正因如此，**自己的理想，能與客人的夢想、目標一致是最重要的事**。須徹底的思考這幾個問題：「為什麼我會開始提供這項服務？」、「這是為了誰而提供的服務？」、「為什麼我為商品、服務取了這個名字？」

在我正式開店前的一年裡，就不斷在紙上寫了又擦、擦了又寫，不停的反覆問自己「為什麼」。唯有沉澱自己的理念和想法，才能與客人結為一心，並朝著夢想邁進。

不過，有時候就算確立了目標、理念，還是有可能會讓第一次來的客人感到失落。這其中很有可能就隱藏著，沒有遵守需要優先於理念的待客禮儀。

但只要徹底遵守接客原則或規矩，就能夠避免以上狀況。說到接待客人，都會給人一種主動出擊、很積極的印象，但其實並非如此。無論是誰都能保持穩定、沒有太大差異的應對。當你能提供這樣的服務時，就不會讓顧客有多餘的擔憂，也能建立品牌的信賴度。

2 ▼ 不再光臨的理由，客人不會說

有的客人會對店家所提供的理念產生共鳴，並成為回頭客，不過也有些客人在不知不覺間就離開，從此不再上門。然而這些客人並不會告訴我們不再上門的真正原因——因為沒有這個必要。更進一步的來說，很有可能在他們不再光顧之前，就開始考慮停止的理由。

例如在過去一年中持續參加英文會話課，但考慮不再去的人，很有可能是覺得「跟老師不太合」、「上了這麼久，卻沒什麼效果」、「一個月要繳這麼多學費，還不如去迪士尼樂園還比較開心」、「另一間教室離車站比較近，學費更便宜又比較容易預約」等，像這樣和其他的東西相比較之後，

缺點勝過優點，最終選擇不再光臨。

此時對客人來說，來店消費已經被看作是不必要的存在。只要走到這個地步，就很難再挽回了。話雖如此，顧客們想必一開始都是認為，這個場所對自己而言是必須的，所以才選擇上門。以健身房來說，就是有「自身缺乏運動」、「不持續運動的話，就看不到效果」等認知，鼓起了勇氣來體驗。而且他們想必也知道，在體驗結束之後，會有店員主動推銷會員方案。在克服了幾項難關之後，最終才決定持續的光顧。

因此如果讓他們有了不想再來的心情，那就是店家的責任。這並不僅限於課程類的生意，例如咖啡店、居酒屋，甚至是書店、乾洗店，道理都是一樣的。要是經常看到的那個人，不知道從哪一天開始，就完全不見他的身影，那麼身為一位老闆，尤其對個人經營的店家、小型生意的業主來說，不只會感到不安，也會覺得非常感傷吧。

不讓顧客一聲不響就消失的應對方法

既然如此，我們就應該在客人什麼都不說就消失之前，和他建立起良好的關係。為了要解決這樣的狀況，方法就是接下來要說明的情感連結留客術。雖然其中有很多技巧和重點需要學習，不過第一步，也就是一對一溝通。

重視眼前的每一位客人，配合對方呼吸的頻率，也就是配合對方的步調。這麼一來，你就能察覺客人細小的變化，以此改變當天服務的內容。成為能夠理解他、並與其保持良好溝通的支持者。

若是能善用一對一溝通，就能降低與顧客在情感上的擦肩而過。這樣需要你的人就會穩定的增加，你的店就會成為讓人喜愛的存在。

我曾經有過這樣的經驗。有一位顧客A，每週都會固定上一次個人教練課。由於那陣子他看起來有點累，所以我問他：「最近過得怎麼樣，還好嗎？」他回答：「最近工作真的很忙，但是我還是努力擠出時間過來了。」聽到這個回答，我試著說出慰勞的話：「明明工作這麼累，卻還是願意來上課，真是謝謝你。今天與其做一些特別的指導課，不如我們什麼都不要想，只要跟著我一起動一動。」

也就是說，我注意到A的變化，並且緊急的改變上課的內容。在課程結束之後，發生了什麼事？

A開始運動後，他的身體也比平常更舒暢了，也就是前述所提到的，配合他的頻率。完成六十分鐘的課程當下，他向我分享今日課程的感受：「流了汗後很舒服，整個人都神清氣爽了。其實這一年來，工作業務變重，本來是想說要不要乾脆暫時休息好了。可是今天的課正好讓我釋放了壓力。」我藉此告訴他：「太好了，你今天也做得比平常更好！」於是他露出滿足的表情說：「那老師下週見囉！」而這位顧客，一直到今天都是我的回頭客。

貼近對方的心情

在過去，我的健身房也有幾位什麼都沒說就不再來的客人。當時感覺到他給人的氛圍變得較為消極，因此我無意間詢問：「你最近還好嗎？」他卻回答：「我可能沒辦法再來了。」得到答覆之後，我因為太過震驚，無法再追問下去，現在回想起來非常後悔。

正因為這段經歷，讓我了解到要好好珍惜眼前的每一個人，也會覺得若未來無法相見，會感到十分寂寞。為了避免這種狀況再次發生，如果有需要改善的地方我就會努力改進，當出現了什麼問題讓對方無法持續上課，我的心頭也會湧現想要為他解決問題的熱忱，把貼近對方的心情列為第一優先的事項。現在，我會積極的問對方：「最近還好嗎？要不要透過運動，讓自己舒暢一點？」

越貼近對方的心情，越能展現對客人的真心與愛究竟有多深。如果沒有這番熱切的心情當作基礎，就不會發現對方的變化，也不會想要開口詢問對方。換言之，經營小型企業的人，更應該要展現出對顧客的誠意。

例如你去一家不常去的豬排店，當店員對你說：「歡迎光臨，您要點和上次一樣的餐對嗎？」光是聽到這句，就會讓人覺得：「哇，店員記得我。」也會產生對店家的喜愛和依附感。**這並非員工手冊上的規範，而是一句發自內心的話語，也是連鎖店難以達到與複製的境界**。

常客之後是否會再來消費，就要看你有沒有全心全意接待客人了。

3 ▼ 像膠水般的情感連結

在這裡，我要重新解釋情感連結留客術的定義。所謂的bonding這個英文單字的本意是，把多個東西結合起來、黏住，變成一個物品，本書中則意味著像膠水一樣和客人黏在一起。

在育兒等心理學的用語當中，指母親、父親對孩子產生的愛戀，想要守護孩子、非常重視孩子等，愛、心理的羈絆和連結。而我認為顧客與店家之間所形成的人際關係，也是一樣的。

使用情感連結技巧時，請避免一開始就貿然行動。

大家在使用膠水之前，會思考想要黏的東西是什麼、以及最終成品的樣子。例如你想要做一件比較厚、版型比較明顯，不容易變形的衣服，或許你會把幾片布黏在一起做成布料；又或者想要製作房子的模型，就會先繪製設計圖，並且按照圖示裁切木材，接著把木材接合起來。

所以，要和什麼樣的顧客連結在一起、如何回應顧客的要求以建立羈絆，事前的調查計畫是不可或缺的。

首先了解以下三個資訊：「禁忌」、「前來的目的與煩惱」、「未來的目標」。這三點當中，尤其是禁忌（不可做的事）是絕對不能漏掉的資訊。

如果是餐飲業的話，事先調查有沒有不吃的東西、是否有食物過敏等；髮廊的話，則是對染髮劑會不會有不良反應等，要是不了解對方的健康或身體狀況，就沒辦法建立情感的連結；以健身教練來說，如果新來的顧客被醫生囑咐要限制運動，那麼就一定要仔細記錄，避免潛在的風險。

又如問卷調查時，新客寫下一年前做過胃部手術，那麼我就必定會問對方：「那您今天過來，是已經恢復到能夠運動的狀態了嗎？」我不會輕易的帶過，而是一定會反覆詢問對方，直到獲得肯定的答案。

面對我的問題，就算對方說：「我已經恢復普通的生活了。」我還是會以不確定這是否為醫生的判斷為前提，再度詢問：「您的醫生是怎麼說的呢？」如果對方回答沒問過醫生，那我就會告知對方，請跟醫生確認後再過來。

無論是什麼行業都一樣，**獲得越多的資訊，客人就能更安心的接受服務，店家也可以安心的提供商品**。

此外，若是加壓訓練的話，在訓練時會限制血流，手臂等末端部位有可能會產生點狀的瘀血。身為健身教練對這個現象則有說明的義務，無論是哪一間健身房都會問說：「有可能會出現點狀瘀血，能接受嗎？」

但是有些人只靠聽的話，並沒辦法想像實際的狀況，因此在我的健身房裡，會半開玩笑的說：「在這兩、三天你會參加朋友的結婚典禮並穿無袖的禮服，或者穿泳衣拍照這類的行程嗎？」讓對方能夠更加了解手臂會留下紅點的樣子。接下來確認顧客的反應之後，再開始課程。

這些乍看之下或許有點過於細節、麻煩的對話，卻能在愉快的氣氛之中確認必要的事，事先防範客人出現預想之外的狀況。

在建立連結時，詢問與健康相關的資訊，並針對服務本身的特性獲得顧客的理解，這些都是確認顧客是否接受時，非常重要的步驟。

就算是出於善意，也要先詳細的確認

某些禁忌有時候是和身體狀況無關的精神方面。

例如在髮廊，客人明明表示絕對不要剪瀏海，但負責的設計師卻擅自決定顧客的髮型，因此什麼都沒問就一刀剪了下去，反而帶給客人精神上的痛苦，最終就是這位客人再也不會來第二次。

同理，假設有一位模特兒來健身房接受個人教練的課程，工作人員沒有事先詢問便擅自安排了跪姿的訓練。殊不知隔天這位模特兒要穿著過膝短裙拍攝，由於膝蓋還留著痕跡，導致無法拍攝，讓他在拍攝現場失去了信賴，健身房也會就此失去信任。

就算是抱持著希望顧客開心的心情行動，若是傷害到對方，那就完全失去意義。所以首先要做的事情就是徹底了解顧客的喜好，同時也要將訊息和其他員工共享，這在建立情感連結時是重要關鍵。當然，剩下的兩個資訊對於留客術來說同樣不可少。

這個人為什麼會來（共享目的、煩惱）、未來的目標是什麼（在什麼時候之前，想要變成什麼樣子），對於這些事情都要具體的了解。每一位顧客想要達成的目標與主題都因人而異，隨著目標是短期或長期，服務的內容和設計也會大相逕庭。

重視目標設定，陪伴並支持顧客，幫助他們成為未來理想中的自己。與顧客訂下充滿期待的未來約定，這就是情感連結。

4 ▼ 別聊商品，聊故事

到目前為止，相信各位已經充分理解執行情感連結時，了解顧客和貼近顧客心情的能力非常重要。但是，還有一個同樣重要的技能，那就是表達自己。

擁有自我表達能力的人，很容易讓顧客留下深刻的印象，成為難忘的存在。那麼表達自己是什麼意思？會留下印象的人、不會留下印象的人，兩者之間又有什麼不同？

比方說，聯絡你的保險業務員是什麼樣的人。你能想起他的長相和姓名嗎？也許他總是穿著處處可見的深藍色西裝，沒有什麼特徵，說話方式一板一眼，聲音沒有抑揚頓挫，且目光低垂、很少露出笑容，感覺有點沒自信等，如果是這個樣子的話，實在很難讓人留下深刻的印象。但當對象換作是你呢？

對於初次見面的客人，如果沒有留下深刻印象，就會很難讓人回想起來，甚至也不會想要再次光臨。在前面的章節裡，提到了「5W2H」，不同於大規模的連鎖店，小型公司如果沒有把自己塑造成品牌，就無法讓顧客認識你。也就是說「Who＝誰來進行」是一個不可忽略的因素。

高級飯店與小型旅館的待客之道

讓我舉一個簡單易懂的例子：眾所周知的高級飯店和地方的小型旅館，在過夜這件事上雖然是一樣的，但是情感連結的要點卻大不相同。

高級飯店裡有高級的餐廳和酒吧，還有住在高級飯店所能獲得的身分地位，能拍出很多適合社群平臺的高質感照片，吸引大家來按讚或追蹤，展現出「Where」的重要性。

另一方面，卻會降低「Who」的重要性。高級飯店在接待客人時，會有讓人感動的待客之道，但不會讓人產生「因為有那個人在這裡，所以我還想再來」的想法。

但是，地方上的小型旅館，在「Who」的部分卻更為重要。充滿氣氛的外觀、只有當地才有的料理、溫泉設施等，都是很重要的因素，但還需要遠超這些之外的附加要素，那就是在這裡工作的人所擁有的故事。

公司、生意的規模越小，和顧客的距離就會越近。這個時候，不包含在員工手冊中的溝通、服務生的小故事，就會讓人留下印象，成為旅行時的美好回憶，永遠的留在消費者的記憶裡。

例如晚餐時菜單裡有生魚片，服務生告訴你：「我從事海釣已經超過三十年，今天釣到的魚特別的肥美，很好吃的，請享用。」這麼一來，不僅吃到了美味的魚料理，更是加上令人感動的故事，就會成為無法忘懷的回憶。

容易刻在大腦裡的事物

透過人類大腦的運作機制，隨著記住這些小故事，回憶也會更容易成為長期記憶而留下來。這就會成為「如果要去溫泉旅行，我想要去那個人在的那間旅館」的契機。

以我的健身房來說，**我都會告訴員工們：「希望你們聊聊自己的小故事。」**話雖如此，不需要讓人感到非常驚訝、衝擊，光是「今天我做出了這樣的失誤，但是見到〇〇，就讓我打起精神了」，在話語中參雜著能讓對方開心的小插曲，就算對方沒有特別意識到，也會覺得自己可以鼓勵到他人，潛意識的產生好印象，那麼你就成功留在對方記憶裡了。

如果你是不太擅長談論自身經歷的人，那我建議你看著對方的眼睛，試著自信的提供服務吧。此外，其實在服裝或外表下功夫，也能增加溝通能力。

你在販賣什麼東西、你想要傳達的訊息是什麼，這些都可以在服裝上表現出來。就像看到穿著警服的人，馬上能知道他是警察一樣，讓人一看就能認出是重點。

另外，打招呼的方式很有朝氣、表情或肢體語言很豐富等，都能讓對方印象深刻，這就是為個人特色增添色彩，請務必嘗試看看。

有的時候，一個人很內斂、容易深思熟慮，或者比較含蓄，也許在某些地方會被認為頗有吸引力。不過在接待客人時，我相信沒有多少人是在缺乏表達自我能力的情況下，還能留在記憶當中。顧客是否會記住你？關鍵往往在於是否產生情感連結。

5 ▼ 與顧客兩人三腳

「想要成為自己可能成為的人，永遠不會太晚。」這是十九世紀英國的小說家喬治・艾略特（George Eliot）所說過的話。

我相信無論是誰，都能成為自己想成為的人。但是出乎意料的是，就算想要改變，卻煩惱於無法改變的人其實很多。例如想要克服自卑、想要交男女朋友、想在工作上更活躍等。

但是實際上，幾乎所有人都會舉出做不到、無法改變的理由，來滿足一成不變的自己。對大多數人來說，要破壞現在的生活，去做某些改變，是令人恐懼的事。然而，絕對有能夠成為夢想中自己的方法，那就是借助他人的力量。

有些事情，自己一個人做會覺得很麻煩，但如果和其他人一起的話，就會比較有動力，也能享受為了改變而行動並堅持下去。

請把這個借助他人的力量，轉移到你在經營的生意上。身為提供服務的你，可以成為顧客實現夢想的支持者。**了解客人的興趣、關注的事物、追求的願望，並且體恤那份想要改變的心情，用兩人三腳的方式一同實現夢想。**

長期下來就能與客人建立起情感的連結，在不知不覺間，持續的使用你的服務。在我經營的健身房裡，加入會員的人，目的都各有不同。有人想要穿著時髦的衣服、想要開心的穿上泳衣，不用在意自己的體型，或是想要變瘦、塑身成功後找結婚對象等。

我會根據目標，陪伴客人一起努力運動、健身，讓客人能夠實現他們的夢想。這就是情感連結的第二步驟「夥伴關係」的本質。理解顧客的夢想、目標，並透過自家商品或服務、技術來解決問題，成為對方的夥伴，朝著實現成果的方向一起努力邁進。

為了達到這個目標，首先就是對客人抱持興趣。我也推薦你在看見對方外貌的瞬間，就問問看：「你是不是有哪裡不一樣了？」對方便會覺得這個人正在關心自己，進而抱持好感，想要回答你的問題。因為這滿足了人類五大需求之一的「尊嚴需求」（被認同的需求）。無論什麼手段都無所謂，只要向對方展現你的興趣和關注，並傳達給對方，就是一個起點。

接下來，試著找出客人真正的願望，也就是隱藏訊息。我會在後面詳細的說明提問的技巧。但這裡所說的隱藏訊息，就是在問卷調查時，當對方如果寫下想要變瘦，那就要問出想要瘦幾公斤、瘦下來之後想要做什麼，這些地方能解讀出從表面的對話中看不見的真心話。

如果能夠打聽出對方其實是想要帥氣的穿上牛仔褲，向女朋友求婚等目標，那麼就能知道，這個人的目標不光只是要瘦下來，而且是要求婚成功、和心愛的人結婚。我們就能改變當初提案的訓練課程、建議，或者計畫到什麼時期要做些什麼。

不要讓客人一個人努力，而是要和我們這些專家團結起來，透過我們的幫助來達成無法輕易完成的目標。這不就是真正的夥伴關係嗎？朝著理想的目標，一起向前邁進。

建立長期夥伴的祕訣

「成為理想的自己之後，要做什麼？」這個問題也是在預料之中，當這類問題出現時，就要思考下一個目標。

人的一生中沉睡著各式各樣的需求，如才藝班的發表會、試鏡選秀、攝影比賽、孩子學校的參觀教學、和競爭對手的比賽等。也就是刻意設定一些人生重要的大事，若能不斷重複這樣的循環，就能加深與客人之間的情感連結，長期下來就能形成夥伴關係。水野敬也的暢銷書《夢象成真》當中，象頭神迦尼薩就是主角獲得成功關鍵的人生夥伴。

無論你今天從事什麼行業、經營什麼樣的生意，都能夠輕易的站在與顧客一起實現夢想的立場。只要你與顧客建立了情感連結，你所提供的服務，或你的存在本身，就能成為顧客的人生夥伴。

6 ▼ 配合對方的節奏、步調說話

一對一溝通和夥伴關係，這兩者共通之處在於建立信賴關係，成為客人心中可以相信且依賴的對象。在心理學當中，就是創造並且培養互信關係，讓客人有著「只要去到那間店，就能實現自己的期望」、「想去見見那個人，去和他聊一聊」的安心感，因此成為熟客。

想要走到這一步，其實需要幾個技巧，其中一個就是稱為「配合步調」的溝通技巧。所謂的配合步調，簡單來說就是把對方當成主角，配合對方的節奏和步調。這就相當於在一開頭提到的留客術六大原則之一的「時機」，其做法大致有三種。

第一，就是配合顧客說話的速度。如果對方說話比較慢，那你就慢慢說；如果對方說得比較快，那你也跟著加快速度。

第二，配合對方說話的聲調。人在對話時，都會試著符合對方的情緒，來調整音量或音調。因此在聽到客人用喜悅的語調訴說開心的事情時，你也可以提高音調，回應對方；而對方心情不好的時候，音調會下沉，那你也該配合對方放低聲音。

第三，配合對方的呼吸。這一點需要稍微練習，不過當你仔細觀察對方的呼吸，就會發現如果對方呼吸比較短，那可能是因為他處於比較焦躁的狀態；當他呼吸比較長時，就是處於精神比較穩定的情況。接著你就要配合對方的呼吸，改變說話的節奏。

有一種經常會犯的錯誤，就是面對來抱怨、客訴的客人，用一種冷靜沉著的態度去應對。例如有個客人因為明天急需而買了一雙鞋，結果卻發現鞋底壞掉，對方一定會很焦躁，因此說話的速度也會比較快。但是如果你在回應時用一種慢吞吞的語調，那麼就算你是在道歉，這也會讓客人更焦急，反而火上加油。

所以請不要這麼做。從一開始就配合對方較為急促的呼吸，並以快節奏說話。逐漸的，雙方說話的步調就會變得一致。當呼吸漸漸相同之後，接下來就是把說話的步調放緩，對方的情緒也會漸漸的穩定下來。

如果合拍的話，人就會坦率

所謂合拍，意思是說話內容、說話的節奏有默契，不但會讓人覺得很舒服，並且放下對外在的戒心，產生親切感，當進入這種狀況後，就能安心的說出想說的話了。

巧妙使用情感連結時機，這時彼此的關係與其說是顧客與店家，更接近朋友之間的關係。對方不僅會分享他的煩惱，也會很坦率的接受你的建議或提案。

例如在髮廊，一開始堅絕不剪短頭髮的人，聽到自己很信賴的設計師說「絕對會很適合」，很有可能就會嘗試看看；聽到高級護髮也會覺得既然是他的推薦，那效果一定很好。

或許你也有遇過類似的客人，這其實就是信賴關係的本質。接下來我要再稍微聊一下這個步調、合拍的話題。「間」在日文的意思有空間、期間、空隙、間隔的意思。日文當中，這個字就能組成很合拍、時機不佳、抓不住時機（糊里糊塗）、撮合牽線、留出空間、稍作暫停、毫不猶豫、推測、填補空隙等詞語，可以使用在各種對話的脈絡當中。

在我當演員時，導演曾對我說過：「所謂的演技，不光是講臺詞，也要填滿臺詞之間的空白。所謂演技的本質，除了說出臺詞，還有被稱為『空白』，這個無須任何臺詞的動作。」不只是演員，普通人也會說謊，但是反應卻無法騙人。人們總是不知不覺間，把當下的心情與情緒，表現在臉或態度上。

我想說的是，應該要加深與顧客之間的關係，理解對方沒有透過語言所傳達的意圖，培養貼近他人心理的技巧。也就是主動配合對方的步調，而這麼做的理由只有一個。如果彼此不合拍，客人就不會認真的傾聽你說的話，這就是留客術六大原則的第二個「距離感」。

隨著對方的反應變化，自己也能進而配合，這就和前面提到的配合步調一樣，以此獲得對方的信賴，就能成為對客人來說不可或缺的存在。配合對方的節奏、步調，其實並不是那麼困難的事。首先請從簡單的事開始嘗試吧。

配合對方的肢體語言

觀察的重點，即對方的肢體語言。例如，當一個人對談話內容感興趣時，不論是說話或傾聽，身體都會稍微向前傾。相反的，如果沒興趣的時候，就會把重心向後靠，和對方保持距離，表現出不是很積極的態度。

此外，坐椅子的方式也能看出對方放鬆的程度。若對方緊靠椅背且姿態放鬆，表示他們情緒穩定；肩膀不緊繃，正是處於輕鬆的狀態。相反的，只坐在椅子前緣的人，則多半因為緊張，腳也會比較用力，表現出類似「希望時間過得快一點」、「想馬上離開這個地方」、「不希望對方說一些我不想聽的話」的心情。讀懂對方的反應、維持適當的距離並保持良好的溝通，都是不可忽略的細節。

對方如果身子向前傾，那就表示他願意積極的面對你，那你也可以配合他的動作，並且附和對方。這樣一來，你們之間的情感連結就會逐步建立；又如果對方重心放在後面、身體緊繃，說話的聲調也較低沉，你立刻就能察覺出對方處於較為負面的狀態，那麼一開始也可以在不過於懶散的狀態下，將身體往後傾，配合對方的空間和說話的聲調，自然的產生共鳴與協調。

雖然我不斷的重複，所謂的合拍，就是要打破與對方之間的界線。然而環顧周遭，越多熟客、回頭客的人，就越懂得尊重對方的心情，不會突然做出破壞距離的行為。因為他們深知當客人的情緒並不正向時，要推銷東西或服務也不會順利。

想想當自己是顧客，逛服飾店時，你下意識的摸了一件西裝外套，而就在這個瞬間，店員立刻說：「這件外套很好看吧。」那你一定會立刻失去想購買的欲望吧？如果是我的話，大概會回答「對啊」後，接著就直接走出店面。

不過當自己的著裝被稱讚時，情況就有所不同了。在下意識摸了那件西裝後，如果店員對你說：「啊！你穿的那雙鞋很好看耶，我之前也很想要。」或許會覺得這個人的喜好跟自己很接近，因此產生興趣。接著，稍微閒聊之後，對方再問你：「您今天要找什麼樣的商品？」你也會願意坦率的告訴對方。這就是彼此合拍、距離適當的狀態。

當你與銷售員的品味達到恰到好處的平衡時，對方一句「這很適合你」就等於在背後推了你一把，讓你決定掏出錢包購買。不過，能順利建立情感連結的對話，其中有個重點。那就是留客術中六大原則的第三點「對話量與附和」。

如果把整段對話設定成十，那麼就要注意讓對方的說話量是六、七

成，自己則維持三、四成。接待客人時，如果你發現自己講了很多話，恐怕就會不太合拍。

尤其一些才藝班、教室的老師，很喜歡說話、指導對方，一回神常常都在自言自語，我自己也曾是這種類型。因此，我學習到盡可能的簡短扼要，靜靜的等待客人主動燃起回覆的欲望。

如果顧客不主動訴說的話，就會沒辦法掌握他的需求，也就沒辦法提供讓他滿足的商品或服務。要記住，**無論如何顧客都是主角**。

7 ▼ 別插嘴，先聽他把話說完

確保與顧客之間的距離後，接下來就要進入傾聽的層面。其中情感連結的對話量與附和也很有幫助。

不過在這個時候，要盡可能把分量降到零。換句話說，重點在於點頭。所謂的傾聽，就是站在對方的立場，一邊把對方的話從頭聽到尾，並努力的與對方的心情產生共鳴，同時試著理解。正在閱讀這本書的你，相信也非常明白傾聽的重要性吧。

但是，你是不是覺得這並不是件簡單的事。我相信有很多人都會認為，畢竟站在提供服務的立場上，想要告訴對方的事情會接二連三的浮現出來，一不小心就會打斷對方說話。

當我在培訓課時，經常提起傾聽的重要性。為了培養此能力，就要先從一邊練習點頭，一邊聽對方把話說完的動作開始。原因在於，若未聽對方把話說完，便無法掌握其真正想表達的重點。口語的語法經常仰賴句尾來確定語意，因此說話的人往往將真正想表達的重點放在句子的最後。

例如：「今天能看到你，實在是太開心了，謝謝你這麼說。可是我有點緊張。」在這幾句話當中，對方最想要表達的，其實是自己有點緊張。

如果你不讓對方說到最後，便在中間夾雜了一句「太好了，我也很開心」，由於對方沒辦法完整表達想法，於是關閉了心房。

不只如此，當你無法聽出對方的真心話，也就是對方的資訊時，慢慢的就會變得話不投機。甚至還有可能影響到你提供服務的效果。

如果是英文的話，對方可能一開始就會說「I'm nervous.」，但是日文並不是這樣，所以重點在於**不要憑自己的想像為對方做出結論，要把對方想說的話聽到最後**。

培養傾聽能力的要點

在我的個人教練培訓課程當中，也會花時間在溝通技巧的實際訓練，最初的練習就是點頭回應。而練習的內容則是，在諮詢的時候，學員能適時、恰當的以點頭回應客人。

想成為個人教練的人，通常很好客，經常會想給對方一些建議、提案。而提供資訊也算是其中一項商品，因此出現想要將完整的資訊傳達給對方的情況。但有時因為太過心急，還沒等客人把話說完，就急著回應。

然而，這種做法是不可取的，如果總是這樣做的話，與對方的連結就會慢慢鬆脫。這是因為人有一種天性，對於傾聽自己說話的對象，會產生加倍的信賴。

那麼具體來說應該怎麼做？點頭的時候，人都會想加上「對、是啊」等附和詞，不過這裡重點是要把點頭和附和分開。

在線上會議時，除了發言的人之外，如果你沉默，並用力的點頭，就是表示出「我了解」、「我有在聽」的意思。當狀況回到現實，應該就比較容易理解了。如果你在點頭的同時，口中說出「是」、「對啊」、「原來如此」等，就會打斷對方說話，因此不要出聲，只要上下點頭，這就是在傾聽時的重點。

另一個重點就是能否控制自己達到這個狀態。沉默的點頭、傾聽對方說話，當對方停下來時，再加上「我懂」等附和，對客人來說，就會產生說話很舒服的自然距離。

當了解對方期望之後，再主動搭話，這麼一來對方就會打開心房，而非不得要領的推銷。如果能做到這一步，此技巧將能成為你的強大武器。

互信關係並不是光憑一、兩次的接觸就能建立起來，重要的是放眼於再次光臨，把對方當成主角。為了建立連結，讓對方成為回頭客，就要確認眼前這個人的期望，並努力採取真誠的行動。在下一章當中，我將會說明與顧客交談和稱讚的技巧。

第 3 章

互信的威力

1 ▼ 讓顧客自己說使用後感想

在前面一章，提到把客人當作主角來建立情感連結的技巧。而在第三章裡，我要介紹如何加深溝通，更自然的與顧客產生羈絆的方法。

本章的重點就是，讓顧客自己訴說商品、服務的優點，也就是使用後感想。

假設你是顧客，在服飾店試穿，走出試衣間時，通常有兩種狀況：一種是店員搶先開口表示很適合客人；而另外一種則是，當你在照鏡子時，店員詢問狀況如何，你回答：「感覺還不錯，尺寸也滿合的。」這時候店員才稱讚：「我也覺得很適合你！」你覺得哪一種狀況會讓購買欲望更高？想必是後者吧。

這其中的理由就是，**人們面對願意傾聽自己說話的人，會比較容易敞開心扉**。相較於傾聽者，話語對說話的人往往產生更強烈的反應，這也正是建立情感連結中重要的原則之一。

肯定顧客的感想、並有所共鳴，獲得「果然跟我想的一樣」、「看來店員也這麼想」的認同感，也就會產生「既然這樣那我就買吧」的想法。

無論是多麼好的商品，與其店家給予顧客先入為主的觀念，不如讓他們的心處於無偏頗的狀態，自行發現商品的優點，藉此說出真心話。

做到這樣之後，再以行家的身分告訴他專業的資訊，就會增加對方的購買欲望。例如「其實這件襯衫，可以直接用洗衣機洗」、「這件衣服跟我們剛進的裙子很搭，如果你手邊有牛仔褲，搭起來也會很好看」等，只提供顧客必要的特性或優點。以前面的例子來說，明確說明可以在自家方便的清洗，以及如何搭配客人原有的衣服，讓顧客在試穿之後，擁有更多購買的理由。

讓顧客自己發現成果

那麼如果做反了，會變成什麼狀況？

以我作為健身教練的例子來說，有個客人目的是，想要利用皮拉提斯來改善身體姿勢，所以會在上課時用鏡子確認體態。課程結束後，針對姿勢的改變，我們常常情不自禁的說出，原本希望由顧客親口表達的感受。

站在教練的立場思考的話，畢竟姿勢的前後變化，對商家來說就是「商品」，自然是希望在課程結束後姿勢能夠變好。當只要有一點點改善，教練就會覺得很開心，於是搶先說出：「你一開始右肩稍微有一點向下傾斜，不過現在左右平衡，姿勢改善了。」但其實由教練主導溝通的話，對客人來說信服度、接受度並不會上升。

「只要商品好就能暢銷」，這種想法只存在於賣家的主觀想法。絕不要忘了商品是否熱賣，始終都由顧客決定、主導。

以上述例子來看，就是要讓客人自己說出：「右邊肩膀好像有上來一點，左右變得一樣平了。」接著你要堅定的附和：「對，您說的沒錯，左右肩膀平衡了！」才是正確的溝通方式。這麼做顧客的滿意度也會隨之提升，下一次就還想再來上課。

此外，當顧客將自己所感受到的訓練成效以語言表達出來時，往往也會促進姿勢的改善。這是因為人的大腦有一種機制，會記住用語言所表達出來的身體狀態。同理，**以腦科學來說，藉由把自己的想法用言語呈現，不管是接受度還是信賴都會有所提升**。

與其由店家提問，不如讓客人自己說出感想。這麼一來對方的記憶就會改寫為只要來到這間店，就能擁有健康的身體。

2 ▼ 用大白話解釋專業術語

儘管讓顧客把商品、服務的效果說出來很重要。不過在一些領域裡，賣方如果沒有好好說明，對方就不會知道商品或服務的優點、好處，也會得不到效果，導致互信關係下降，也就是——專業知識。

尤其是在小型生意當中，消費者會期待商家具有專業能力。這樣的專業性，指的是具備他人無法輕易取代的特殊技能或價值。

若店家專注追求專業，則商品的價值必然會提升，費用也能隨之提高。當客人有需求，透過回頭消費的過程，他們的滿足感和成就感也會逐漸提升。

商品的類型就算屬於紅海產業，只要透過業者的手，就能夠改寫既有的想像，讓客人感受到獨創性、驚喜感，讓人想要一去再去。

換言之，在接下來的時代裡，或許只有擁有特別價值的店家才能生存。近年來大家逐漸減少在實體店裡消費的次數，有很多店家苦惱於招集客人和提升銷售額，但其實可以靠著專業能力為武器，達到業績成長。

巡視一下自己的周遭，有很多咖哩專賣店、餃子專賣店、黑毛和牛燒肉店、起司蛋糕專賣店、美髮店、美甲店、服飾修改等小店，雖然他們所販賣的品項減少了，但是在專業方面卻堅持到底，因此吸引的多為重視品質、價值的顧客。

相反的，大型店鋪的服務則為標準化、不太需要個人專業度，並販售價格低廉、可大量生產的商品。以健身業界來說，就是二十四小時的健身房。與個人健身教練不一樣，只要有設備，就可以在無人的狀態下運作，費用也相對便宜。

投幣洗衣機也可以算是這種類型的行業，就算不能像乾洗店一樣，把讓人很在意的髒汙完全處理乾淨，但是在清洗這方面，投幣洗衣機卻可以用低廉的價格，清洗整條棉被。

另一種常見的情況是，在服務或商品中導入大型企業常用的經營手法或標準作業流程。舉家庭餐廳來說，優點是菜單的品項多達數十種，但是在小型經營的餐廳這麼做的話，反而削弱了商品應有的講究與品質，結果就是顧客不知道該選擇什麼。沒什麼特徵的小店，就不會被客人光顧。為此我把項目區分，建立瑜伽教室、皮拉提斯教室、個人教練健身房，明確的標示出各自的專業性來招攬客人。此外，特別在人才上花費充分的時間與金錢，尤其是一對一的健身教練課程中，就能提出以私人教練為賣點，將定價抬高。

個人教練課程當中，有一種加壓訓練的方式。在我的健身房裡，當客人第一次體驗的時候，一定會告知對方這個訓練課程的機制和效果。

客人固然知道健身、瘦身的重要性，但他們不一定知道為什麼加壓訓練法要在手臂上綁束帶，以及其中的理由是什麼。當中甚至有人誤以為就像在量血壓那樣，是一種讓血液停止的訓練法。正確來說，加壓訓練法是限制血流的訓練，然而多數健身房並未明確傳達此原理。

將專業性與回頭消費連結

說到專業性，可能會讓人聯想到高高在上的說教，但事實上將那些**對自己來說理所當然的事情如實的傳達，是讓顧客實際感受到效果的關鍵所在**。相反的，若未能傳達專業知識，問題往往在於店家沒有意識到那些資訊，對顧客而言可能是全然陌生。也就是說，店家並沒有從顧客的角度看待商品。我們經常會聽到有人說「對專家來說理所當然的事，一般人未必知道」，店家若抱持著「這種程度的事大家應該都知道吧」的想法，其實也只是主觀的臆測而已。

以前面的加壓訓練法來說，如果客人認為在訓練時要讓血液停止，那麼一定會覺得不安，便認為或許是很危險的訓練。但是如果在一開始告知對方，是在適當控制血流的狀態下訓練，以達到高效率提升肌力的效果，那麼就能消除對方大部分的不安。

此外，如果在網站或店家前的看板上也寫上了類似的說明，光是這麼做就能讓猶豫的客人感到安心，因此願意嘗試。

像這樣以顧客的角度去行動，傳達對店家來說理所當然的事，就能更容易建立連結，也能增加顧客數量。所謂提供專業的資訊，或許會讓人覺得是在炫耀，但這只是溝通的其中一種方式，重要的是將其活用。

3 ▼ 抓住客人的必勝話題

所謂必勝話題，就是對方最感興趣、對他而言人生至今最重要的事。如果能知道顧客的必勝話題，就能輕易的建立情感連結。

這來自留客術的第三個步驟「私下交流」的技巧之一，透過分享興趣，提升與顧客之間的連結，拉近距離的同時，建立更加親密的關係。

這是一種可以從生意關係晉升為人生諮詢對象的技巧，其關鍵在於找出雙方能愉快交談的輕鬆主題，並加以延伸。如果想要透過閒話家常找到共同話題，建議你可以**從自己擅長的領域開啟對話**。

一口氣拉近與顧客之間的距離

以我為例，由於我很喜歡服飾，所以面對女性的顧客時，我會問她們：「春天快到了，你有買什麼新衣服嗎？」、「這個季節會很煩惱不知道要穿什麼對吧？」等話題。這時候如果對方回答：「今年春天感覺會流行綠色，所以前陣子我買了一件亮綠色的褲子喔！」那麼你就能察覺，或許和這位客人能熱烈的討論關於時尚的話題。接下來，就能觀察他經常購物的地方、喜歡的品牌，或者穿搭的堅持等，逐漸加深話題。

如果對方對服飾沒有興趣，可以問問看：「最近有去看電影嗎？」、「你有看哪些新推出的連續劇嗎？」、「你都聽哪一種音樂呢？」碰到年輕的女性，可以詢問：「有喜歡的網紅嗎？」、「你喜歡什麼動漫？」等，重點是找到自己能加入的話題，並從符合對方年紀的資訊下手。

像我們這種運動教練，客人經常會提出一些關於運動的問題，例如：

「相撲比賽最近是誰獲勝？」、「棒球比賽的結果如何？」記得要經常更新資訊，以應對顧客種種話題。

無論是哪個行業，對於自己所經營的商品或服務相關的熱門話題，應該要充分了解並掌握。如果成為日常就能分享共通話題的關係，那麼就能更快的抵達顧客的心房。因為溝通越多，對方就能越安心的說出真心話，也就越容易達到預期成果。

我們所提供的商品或服務，一開始就是為了解決和改善顧客的煩惱。而這個煩惱根源，對顧客來說就是真正的必勝話題。

顧客若能覺得：「能夠很熱絡的和我討論同一個話題的人，就是認同我、對我抱有好感的人。」那麼也會漸漸信任對方。如此一來，就能坦率的訴說煩惱的本質，而接收到訊息的我們，就能試著以最有效的方式改善這個煩惱。

此外，如果成為對顧客來說輕鬆交談的對象，確保心理上的安全感，也就不會出現讓他獨自煩惱的時間，避免出現較大的麻煩。

唯一要注意的是，自己不要變得比客人還興奮、激動。

過去我第一次造訪某間髮廊時，與負責的女性設計師聊到了韓國流行樂。因為我對這個話題沒那麼熟悉，於是想要快點結束對話，但是她卻越聊越開心，甚至興奮到把染髮劑沾到我的白色襯衫上，以致店長慌慌張張的跑過來向我道歉。雖然我相信對方沒有惡意，不過這也讓我無法相信她的專業，也導致我下次不會再去這間店了。

自從有了這次經驗，我總是會對我的員工說：「不能把客人丟著不管，自己一個人向前衝。要冷靜的判斷這是否也是對方感興趣的話題，還是只有自己聊得很開心。」

4 ▼ 不可以說謊

有時候就算覺得自己的商品、服務很有價值，卻並不一定會暢銷。對賣家來說，總會感到很無力或不安。

有沒有可能是你所認為的價值，並沒有辦法完全的傳達給客人？請試著找找看自己所提供的商品、服務的稀少性。這是因為相對於需求，如果供給較少、很難獲得的話，就會讓人感覺很有價值，並且想要得到。

可以試著**用條列式的方式，寫下一百個自家商品的優點，再從這一百個當中，選出對客人來說很稀有的**。接著以此作為宣傳標語，在店裡的POP廣告（按：Point of Purchase advertising，簡稱POP。賣場中所設立的海報或廣告，也可稱為賣點廣告）下功夫、直接向顧客介紹，或是在社群媒體上宣傳，就能讓客人產生「稀有的東西更有價值」的心理，而產生超乎想像的效果。

舉例來說，我喜歡造訪古著店，尤其對復古軍裝情有獨鍾。我的家人總是會生氣的說：「你怎麼老是買同款的綠色褲子！」但是對我來說，每一件衣服都不一樣，而且很稀有。所謂的軍裝，是為了彰顯各國的威信所製作的工作服。每個年代的款式都不一，且過了一定的期限，就會停止生產。因此年代久遠、受歡迎的軍裝一旦出現在市場上，很快就會被買走。

對我來說，如果正在找的東西，又恰好是我能穿的尺寸，那麼就算價格再高，也會立刻考慮是否購買，因為極有可能明天就賣掉了。

要是你經營的生意是經手這類復古的商品，那麼不僅是陳設服裝，務必要說明生產的國家、年代，以及生產的數量、製作者的背景故事、材質和款式等資訊，甚至可以加上哪位名人也很喜歡這個東西，替物品加上權威性，毫無遺漏的展示商品的稀有價值。在最後，要斬釘截鐵的表示：

「現在市場上就只剩這一個。」、「錯過這次，以後就沒機會了。」

另外，也可以寫上「一天限定五十個」、「一人限購一個」等明顯的數量限制標語，煽動客人不趕快買的話就會賣光的情緒，效果非常好。舉食材為例，牛肉當中的夏多布里昂（按：在菲力的中段有一塊「菲力心」，是整頭牛的嫩中之嫩，一頭牛只能做出兩份的量），就是具代表性的稀少部位。若能將數量的稀有價值、會員限定的要素排列組合，就更能提升其中的價值。

當然我們也有必要傳達壽司的握法、縫製等，工匠式的稀少性。不過在此之前，先把店裡的商品、服務本身的稀有價值傳達出去。前面提到的二手服飾也是，請不要忘記，對於不知道價值的人來說，那不過是件綠色的褲子。

此外，我所重視的是時間和人的稀有價值。若來訪健身房的是四十多歲、學生時代之後就未曾運動的女性，我可能就會提到更年期症狀的相關資訊，且告知對方有研究調查顯示，定期運動的人，更年期的症狀不會這麼嚴重，並強調考慮到對方身體的狀況，有必要從今天就開始健身。

在這麼說之後，對方便會認知到，從今天開始運動和一年之後開始運動，更年期的症狀會相差甚遠，因此在心理上，也會覺得自己距離更年期所剩下的時間不多，得趕快開始才行。

有許多沒有持續運動的人，不太了解運動的價值，會認為運動隨時都可以做。面對這種客人，就要傳遞一些能證明服務價值的資訊，讓他們選擇相信你。

我還會針對人的稀少性，宣傳「教練的預約很滿，目前可以預約的時間就只剩下這一天」等，強調時間的具體情報。如此一來，不光只是服務，時間、人也會產生稀有價值。

但**所有前提的重點是——不可以說謊**。我不是要你使用形象戰略，而是訴說事實，讓客人自行理解稀有的價值，打從心裡產生動力。以前面的復古軍裝舉例，就是不能把複製品說成是正品。

5 ▼ 顧客不一定是對的

稀有價值的力量非常強大而有效，這決定了商品、服務是否能暢銷。

不過為了要讓顧客持續上門，我建議你要刻意不說「請購買」這句話。或許你會認為就算這樣講，還是需要推銷。這是當然的，但是以經營小型商業的人來說，他們通常對自己所經手的商品充滿信心，因此能制定價格進行販售。

正因為如此，**你不需要廉價出售你有信心的商品**。這裡不是指實際降低商品的價格，而是包含了精神上的貶低。其實越是不說「請購買」的店家，顧客越會回頭消費成為熟客。

介紹競爭對手的理由

有一位男性是高級進口車經銷商的銷售冠軍，當他遇到客人想要買敞篷車，自家公司卻沒有出這種款式時，據說他就會介紹別的汽車經銷商給客人。

如果是一般的銷售員，大多數都會優先思考自己的銷售額。也許他們會從自家的商品當中，推薦跟客人需求相近的汽車，並說出推銷的話術。「就算不是敞篷車，不過我們的車頂上有天窗，也可以看到風景」、「全真皮的座椅摸起來很柔軟，非常奢華」，想讓客人改變心意。

但是前面提到的那位銷售冠軍，他不僅不會勉強推銷，甚至還會刻意說：「想買敞篷車的話那家經銷商有賣喔！」向顧客推薦競爭對手。他總是站在顧客的角度思考。若認為客人的目的是開著敞篷車、迎風馳騁，便會貫徹讓客人感到喜悅的原則，這也是他工作的價值觀。

以結果來說，這份機智又果斷的應對，會深刻的留在客人的記憶裡，並抱持著：「我可以信賴這個人，下一次如果還要買車的話，一定要找他。」這麼一來，他的顧客便慢慢增加，不知不覺間就成為日本首屈一指的頂尖推銷員。

這就是憑藉著賣家的個性抓住人心，改變購買商品時的判斷基準。

退費，是對產品的自信

以我的經驗來說，曾有因為客訴所以提出無條件退款，反而增加了回頭客的前例。

某天來了一位想體驗個人教練課程的客人，並提出減重和改善腰痛的需求。他在體驗課程中，對我的指導感到非常滿意，於是當場就決定購買課程。

不過隔了一週，他卻客訴：「在上一次訓練課程之後，我的腰痛反而惡化了。」由於我的訓練課程絕對不可能發生這樣的事，經過詢問後了解，是在課程的三天之後腰痛惡化，於是前往針灸診所問診，醫生判斷原因與健身課程有關。聽完後我對他說：「今天的課程結束後，如果又出現腰痛的狀況，我就會把剩下的金額全部退還給你。」

在日本，一般來說都不會因為顧客私人的理由退款。然而，如果對方在對我缺乏信任的情況下，僅因「反正都已經付錢了」的理由而來上課，是絕對無法建立真正的信賴關係，身體也不會出現好的變化。

最後，透過當天的訓練課程，客人的腰痛幾乎痊癒，在那之後也持續上課，減重方面也有了不錯的成果。不僅如此，由於他在我這裡接受課程後，腰痛獲得明顯改善，逐漸建立起良好的口碑，讓他在職場的另一位同事也表示想來這間健身房，現在這兩位顧客都會定期的上課。

說實話，那時候的我並不想降低自己的價值，也不想對顧客唯命是從，更不想向他道歉。而代表這種情緒的就是退款，我不知道對方是否體會到我的本意，不過我想這兩次的訓練課程中，讓他與我慢慢的建立起信任關係。

我不想要勉強自己，選擇價值觀不合的客人，並且希望以對等的身分與他們相處。這個故事也顯示出，我貫徹了這樣的想法，反而更能和顧客建立起情感的連結。換句話說，或許不說謊話，正是留客術的核心。

身為賣家，盡心盡力的為每一位客人提供資訊、努力貼近他們的心，如果已經做到這樣，他們還不購買的話，那也是無可奈何。不要因為和他人的價值觀不合，就輕易貶低自家商品或服務的價值，以此討好對方。

如果是以客人的立場，與其感受到商家是在「請我買」，我更希望他是懷著「想賣給我」的心情，而且在這樣的情況下購物的滿足感也會提高。

6 ▼ 好的讚美與不好的讚美

對自己和客人都不要說謊，這一點在稱讚的時候也同樣適用。無論是什麼樣的店家，在接待客人的時候，稱讚顧客都是做生意的基本。如「很少有人能把這件衣服穿得這麼好看」、「您的皮膚好好，平常都是怎麼保養」、「您吃得好香，看起來真的很好吃」、「真的很可愛」等。

但是，你是不是也曾一邊讚美對方，一邊在心裡這樣想過：「這樣說會不會聽起來像是在奉承？」、「對方會不會察覺，我其實是想讓他買東西？」、「會不會讓人覺得話中有話，別有居心？」當你自己都有這樣的想法時，就更不應該為了業績，用這類的技巧去恭維對方。而是誠實面對自己的感覺，好好的表達屬於自己的感動，對方必定也會坦率的接受稱讚。

這其中的理由就是，如果是借用似曾相識、過去不知道在哪裡聽過的話語稱讚他人，也不會獲得對方的信賴。相反的，如果是真心的稱讚，就算措辭多少有點不完美，但你也能面帶笑容的說完，並且感動對方。這麼一來，就能和客人產生連結，創造顧客積極回頭消費的狀態。

讚美的原則與技巧

私人教練課程在進行時是採取一對一的形式，因此沒有和其他人比較的機會，所以客人就會不知道自己在這段期間成長了多少。

因此，認真的給予顧客讚美，會讓客人的心情有所變化，產生「那我要更努力」、「我可以變得更好」的想法。所以個人教練除了付出努力獲得高度的專業技術之外，也須付出同樣的精力學習稱讚他人。

更進一步來說，這是一個客人為了變美而來的場所，如果改變後的自己無法獲得讚美，那麼顧客的動力也會大幅減少。以我個人的看法，顧客中尤其是女性，受到越多稱讚，她們會變得越美麗。

然而擅長稱讚的人並不是那麼多，至於其中的原因，不只健身教練，而是我們在日常生活當中，幾乎都不太稱讚他人的緣故。但是，如果顧客有所成長而你卻不給予讚美，這個行為無非是暗自覺得自己的地位高人一等。尤其是個人教練，很多人都會說：「這個動作很難對吧？」、「你的柔軟度應該沒有我好。」來彰顯自己的優越。因此在個人教練培訓課程當中，我會把養成稱讚對方的習慣放在學習溝通技巧的第一階段。

稱讚的重點

有育兒經驗的人就會了解，父母嘮嘮叨叨的叮嚀小孩了：「在吃飯的時候不要看電視。」、「不要把桌子弄那麼亂。」、「東西收拾好了嗎？不要拖拖拉拉的。」但是人類的行動，並不是光靠否定的語言就能改變，我們需要換個說話方式：「謝謝你把桌子整理乾淨。」、「你自己關掉電視啦，真棒！」、「牙齒已經刷好了嗎？做得很好喔！」肯定孩子確實做到的事情，他們就會更有動力，並且能夠成長。

在教練培訓時也一樣，我會指導大家就算是很小的事也沒有關係，但重點是要打從心底來稱讚對方。例如「今天的課程很棒喔」、「謝謝你今天來上課」、「你的運動服顏色很好看」等，從小事來練習讚美他人。

當練習到一定程度之後，漸漸的就會讚美其他更重要的事。如「髖關節的彎曲做得很好」、「你的呼吸變得更順了」、「手腕非常穩定」等，身體細節的地方，如果你做到這一步，就算成功了。

儘管如此，在客人當中，也會有些人把稱讚當作是一種討好而疑神疑鬼。遇到這種狀況時，如果是我的話，就會斷言：「我是專家，關於身體的事我是絕對不會說謊的。當然有比你做得更好的人，但是你的確做得比以前更好了。如果不是這樣的話，我是不會稱讚的，所以請你一定要對自己有信心。」這麼一來，顧客也會產生信賴感，並且露出真心的笑容。這當中有兩個要點：

- 只稱讚你打從心底認為的事。
- 真心誠意的稱讚。

各位如果正在苦惱自己的生意要怎麼稱讚才好的話，不妨真誠的面對自己的心情，顧客一定能有所感受。關於讚美，我前陣子發生了這麼一件事，因為透過加壓訓練，許多顧客的頭髮都變得很有光澤，因此當我開口稱讚：「你的頭髮變得很有光澤。」對方便開心的回答：「真的嗎？其實我昨天去髮廊的時候，設計師也稱讚我的頭髮！」

對於自己經手的商品，這種附帶效果也是重要的稱讚要素之一。以專業的角度去觀察客人時，除了自己所傳遞的商品、服務之外，若能感受到令人滿意的次要效果，也務必要給予對方讚美。

除此之外，如果遇到非說不可的狀況，就算是負面的意見，也要誠實的說出來。

就如某位彩妝師總是毫不猶豫的提出尖銳的批評，比如「這個眼影不適合你」。不過，正因為站在專家的立場上，才會自信的告訴對方。很多時候，就算是不適合對方的東西，如果沒人主動提起，最後就會變成誰也不說的情況，讓對方在外表上吃虧。但是，反其道而行有時卻能獲得對方的信賴。

曾經我偶然走進一間店，店員很明確的告訴我：「這位客人，你的脖子比較粗，就算是同一件T恤，脖圍較寬的這件衣服會比較適合你喔。」雖然這番話帶給我很大的衝擊，但也給我一種可靠的感覺，因此我有一段時間都會去光顧那位店員所在的店家。

無論好壞，與對方溝通時，一定要抱持自信、真誠的態度傳達給對方。當對方接收到訊息時，就能達到情感連結。如果這個連結是在相同認知之下建立起來的，那麼也將不會輕易的斷開。

7 ▼ 刻意用紙本，不電子化

在日本超市或便利商店，使用自助式收銀臺的比例逐年增加，根據日本二〇二一年的調查（出自超市年度統計調查報告書），在人企業中，每四至五家就有一家（占二三．五％）採用自助式收銀臺。

大型連鎖的超市和便利商店，核心賣點就是便利性。店裡擺放的商品都是經典的常規品項，並沒有太特別的東西，不過基本上，日常生活所需的物品大都能找到。由於顧客都是追求方便的人，因此可以快速結帳的自助式收銀臺就很合適。

另一方面，如果這是小型商店的話，店鋪老闆通常會依照個人喜好進貨，而吸引具有相同品味的顧客；也會出現老闆一邊使用收銀機，一邊和當地的客人談笑，營造出和諧、親切的氛圍。因此這個世界上，還是存在不適合自動化的服務。

然而生意的規模越小，與客人透過舊式溝通就變得越重要。在我所經營的個人健身房裡，隨著時代的潮流，也有讓顧客可以事前購買的課程券。當客人在櫃檯剪票時，我們就會向對方道謝並說：「已確認上課券，謝謝。」這麼做的話，可以感受到與現金相同的感激之情。儘管肉眼看不見，但確實的向客人展示金錢的流動並表達感謝之意，是非常重要的事。

心理法則「麥拉賓法則」（The rule of Mehrabian）指出，在溝通時，對方從語言得到的訊息占七％、聽覺的資訊是三八％、透過視覺所獲得的資訊是五五％。如果數位系統大於舊式溝通，那麼其中占據最大比例的視覺資訊就會減少。隨著行動支付的進步，看到現金的機會理所當然的減少，**商家對於現金收付的感受日益淡薄，對顧客懷有「因收下現金，生意才得以成立」的感謝意識，也逐漸消失。**

因此我為了同時重視便利性，以及將做生意的基礎——「感謝」的精神傳達給客人，於是準備了紙本的上課券。反觀在皮拉提斯的教室裡，由於教練人數很多，若繼續採用人工操作的方式，容易導致失誤。所以決定全面改為數位票券，並將預約流程系統化。

我認為這兩種都是正確答案，但是想要與客人心意相通的交流，其中不可或缺的環節就是感謝。無論是使用數位還是紙本票券，最關鍵的是教練和店員都要說出感謝的話語，並同時思考，你的店鋪想要和客人有什麼樣的交流。

此外，在我所經營的健身房當中，也有不使用預約系統的舊式店家。當客人前來上課時，店員會口頭向對方確認：「下次預計什麼時候呢？」而要取消的時候，則請客人打電話或寫電子郵件通知。

舊式溝通的優點是，可以知道顧客私下的一面，因而增加話題，做到察言觀色的接客方式。當客人來電取消課程時，光是慰問：「感冒了嗎？不要勉強喔，請多休息。」也能做到充滿人情味的溝通。

小型企業如果採用這種心意相通的溝通方式，就會產生以下的優點：

- 增加溝通的頻率。
- 獲得顧客潛在的需求。
- 掌握顧客感到麻煩、壓力的地方。
- 傾聽對方的話語和煩惱，以此產生信賴感。
- 可以量身訂做顧客的提案。
- 能當面讚美、給予勇氣，並支持顧客。

說得極端一點，如果是獨自經營的店家，其實根本不需要任何電子系統。以現金支付、用筆記本記錄預約、用電話或電子郵件聯絡顧客，就可以為客人提供商品和服務。經營小型生意的人，我建議你立刻離開手機，多多與客人開啟真實的對話。這麼一來，就能加深雙方的羈絆。

日本Excite新聞在二〇二三年一月報導「刻意花時間過舊式生活」的特

輯。正因為身處數位時代，於是開始出現刻意過舊式生活的人，據說使用掛式鐘錶、舊式電話、用紙筆寫書信的人增加了不少。

也有越來越多客人說：「正因為是數位化的時代，更應該重視人與人之間的聯繫。」讓我們一同努力，成為在數位時代中保有人情味的存在。

8 ▼ 鏡像效應，情感連結更緊密

如果想得到顧客的滿足，就不得不建立互信關係。而為了建立互信關係，就要讓對方感覺到彼此間有著夥伴情誼。

比方說，在販賣相同商品時，就算有兩位擁有相同資訊、技術的店員，有時候也會出現其中一個人有回頭客，另一個人完全沒有的情況。簡單來說，沒有回頭客的店員，可以解釋為實力不足。也就是建立互信關係的實力不夠，並不是知識、經驗的不足。

不過隨著店員的經歷不同，回頭客的客群也會有所差異。以我的健身房來說，假設有兩位年紀相同的教練，其中一位有擔任舞者十五年的經驗，另一位則是當過十五年的上班族。如果有一位客人來健身房，並且提出他的目標是成為舞者，那他極可能會成為擁有舞者經驗教練的回頭客；但當另一位是上班族的顧客，每天因為整日坐在辦公室裡導致肩頸痠痛，目的是改善這樣的問題，那麼他就更有可能成為另一位教練的回頭客。

對的人，比教得好更重要

以上的情境也稱為相似性，**處在相同環境下的人，更容易建立互信關係，也更容易產生情感連結**。正因如此，在老闆的指揮下，把客人配對給有相同環境、經驗的員工，就會提升顧客成為回頭客的可能性。

當我收到想體驗健身課程的郵件時，會依據年齡、性別和詢問的內容，想像出顧客的輪廓，並分配給員工。在過去，有一位從事過空服員的教練，儘管身為教練的他技術還不太足夠，但是遇到想從事類似職業的顧客時，他們就會非常相投。也就是說，**並不是因為有技術和經驗，就一定**

會暢銷，而是有夥伴的感覺所以能暢銷。

由此可見，特性就成了非常重要的因素，在分配員工時，我認為應該要更慎重的思考。為了完美的達成目標，老闆須掌握每位員工有著什麼樣的經歷、生活、人生觀等。在指定負責人的時候，也應該隨時在腦袋裡整理著「如果是這個人的話，應該可以聊得很開心吧」的資料，就能有效提升適配度。當然，為了建立互信關係，還有其他的要素，那就是鏡像效應（Mirroring Effect）和步調調整。

鏡像效應就是和對方做出同樣的動作，例如在同樣的時間點交叉雙臂、點頭，配合對方呼吸的步調或眨眼的速度，就能提升共鳴；調整步調則是前一章所提到，配合對方說話的速度和語調。妥善使用這些技巧，就能更容易建立信任關係。

這些技巧固然重要，不過最關鍵的，還是那份想把好商品傳遞給客人的心情，請大家不要忘了這一點。

第 4 章

賦予驚喜和感動

1 ▼ 把好處與利益具象化

在本章中，我將介紹幾項提問策略，以挖掘顧客成為回頭客的內在驅動力。同時進一步討論，透過提供附加價值給予客人驚喜與感動。

如果我們只是回應顧客的要求，僅能讓對方表達感謝之意，並不能傳遞驚喜與感動。重要的是找到顧客需求背後真正的目的、夢想，或者是顧客自己都沒有發現的問題，並且將這些事物具象化。在這章，希望大家了解「優點」和「好處」的差異。

所謂的優點，指的是商品或服務本身，擁有的機能性價值或銷售亮點。如果是瘦身食品，那麼低卡路里或方便食用等，就是最大的商品特徵，也是優點。另一方面，好處就是利益。同樣是瘦身食品，可以持續使用商品來取代低卡路里的食物，又能達到減輕體重的目的，客人實際使用後所獲得的好處，就是利益。

首先就來讓我們明確區分這兩者的差異。以健身房來說，如果有客人上門，並表示想要舒緩肩膀僵硬和腰痛，那我就會把優點和好處分開，向這位顧客說明。

「接下來的課程會有一些動作，目的是緩解肩膀僵硬和腰痛。經過今天的體驗課程，你的身體應該會比較輕鬆（優點）。不過，為了要達成更好的身體狀態，就必須持續運動。如果你立刻就想要消除疼痛，我建議你去針灸診所或醫院接受緊急處理比較好。不過如果你持續訓練的話，就能夠靠自身來改善以上狀況。從根本建立一副不容易產生疼痛的身體（利益、好處）。」

通常聽到我這麼說之後，幾乎所有客人都會決定再來。這是因為，顧客真正追求的不是應付當下的問題，而是完全擺脫疼痛。

換句話說，顧客所追求的，並非優點而是好處。

當你能夠將優點和好處分開說明，就能提升客人購買的欲望。不光只是優點，也要**明確的把焦點放在購買後，所能獲得的變化和結果（好處）**，這樣客人就能想像出自己未來的樣子，並且實際將這樣的目標帶入自己的生活。

如果是餐廳的話，那或許是客人品嘗了美味料理之後的目的。例如一對情侶光臨，並說：「可以看一下店裡嗎？」那我非常建議可以這樣說明好處：「若在這邊的座位，從這個角度看到的富士山非常漂亮喔。」、「這個座位隱蔽性比較高，可以當作半個包廂來使用。如果要討論重要的事或者是慶祝的話，很推薦這個位子。」、「今天有團體客預約，所以可能會有一點吵。這邊的座位可以讓兩位安靜的享受餐點。」

以此介紹餐廳內部，就能讓客人在用餐之前，想像自己吃飯時的情景，並且產生高漲的情緒，激發顧客在這裡用餐的意願與期待。這就是在運用情感連結留客術時，非常重要的第四個原則——推廣力度，引起顧客興趣、建立強烈連結的關鍵。

像看到梅子，就會分泌唾液一樣。當人們想像未來的樣貌時，大腦的運作會讓他們彷彿親身經歷相同情境，進而產生與當下相同的情感反應。例如汽車廣告中，看到自家孩子漸漸長大，一起開車兜風的畫面；宣傳家電用品時，放上消費者的訪問內容，並說出購買商品之後家事變得多麼輕鬆，讓客人能與未來的自己重疊並想像，以此刺激購買欲望。

反過來說，如果不能讓客人想像未來的畫面，那麼就算商品的品質再優良，也很有可能賣不出去。

各位一定也能想到很多關於自家店面、商品的優點，盡量列出這些優點，並試著從這些角度出發，將好處化為語言。藉由具體的傳達，就能提升客人的興趣與熱度。

2 ▼ 陪他一起找答案

儘管這麼說，就算單方面滔滔不絕的介紹店裡的商品、服務的優點或好處，客人也不見得會掏腰包購買。這裡應該不需要我再重複了，生意究竟能否成功，關鍵就在於對顧客需求的精準掌握。

不過，**顧客不一定對於自己想要的商品或服務有所自覺**。經常有人說，顧客的需求分成「外顯需求」和「潛在需求」。外顯需求是明顯出現想要這項商品的理由，而潛在需求則是就算有想要的欲望，卻沒有渴望購買的明確煩惱或目的。

事實上，潛在需求隱藏著，無法化為語言的真心話或目的。店員必須激發出顧客的渴望，給予顧客新的啟發，進而讓顧客洞察到自己潛在的需求，並引導顧客在行動上做出改變。

那麼該怎麼做才能激發出顧客的洞察力？答案就是培養提問的本領。

在這裡我要介紹實踐的技巧，也是六大原則當中的第五項要點——與顧客建立相同意識的「共同目標」，並在此提供希望大家能掌握的三種提問技巧。

1. 封閉式問題

封閉式問題，指的是對方可以果斷回答的問題。

例如「今天您是來購物的嗎？」、「您喜歡藍色嗎？」、「您喜歡運動嗎？」等，只能用是或不是來回答的問題。

2. 開放性問題

開放性話題則是讓回答的人能夠自由發揮的問題。

例如「您今天要找什麼樣的東西？」、「您最想要什麼顏色？」、「您為什麼喜歡運動？」等，隨著對方的回答，能夠讓對話延伸的問題。

3. 上堆法（chunk up）

chunk up 的「chunk」是「塊」的意思，表示就算不夠具體也沒有關係，重點在於引導對方意識到目標，並創造出願意分享的氛圍。

例如：「為什麼您需要這個商品呢？」、「為什麼一定要選藍色呢？」、「運動後您的理想體型是什麼樣的呢？」等，以此問出對方的潛在真心話。

運用提問洞察顧客的內心需求

首先要用封閉式問題，找出和對方適當的距離，並掌握大致上的資訊。以我在健身房諮詢顧客為例：

我：「室內的溫度還好嗎？會不會太冷？」
顧客：「不會，沒問題。」
我：「謝謝您前來體驗。我是今天負責接待的日野原。請問您的名字是○○對嗎？」
顧客：「對。」
我：「您在諮詢的時候，表格上寫了想要減重，那麼這次體驗課程的主要目的是瘦身，這樣理解對嗎？」
顧客：「對。」

接下來就是開放性問題，慢慢的描繪出對方需求的輪廓。

我：「讓我再問得仔細一點，請問您大概想瘦幾公斤？」
顧客：「想瘦十公斤。」
我：「好的，請問您有決定想花多久的時間瘦下來嗎？」
顧客：「大概半年左右吧。」
我：「有特別想要瘦下來的身體部位嗎？」
顧客：「希望上臂和腰可以變得更細一點。」

再來就是使用上堆法，繼續挖掘出真正的目的。

我：「為什麼您會想要在那個期限之前瘦下來？如果您願意

的話請與我分享。」

顧客：「其實半年後我要辦結婚典禮，因為穿婚紗，所以想露出漂亮的手臂和腰線。」

我：「那結婚典禮之後呢？」

顧客：「希望不要復胖，可以維持漂亮纖細的身材。」

如果能夠問到這裡，就會知道對方瘦身的目的是為了自己的結婚典禮，並且在瘦身成功之後，也想要維持美麗的身形。

不過每個人對於瘦身真正的目的不同，有可能是「半年後有同學會，我想要讓初戀覺得身材和過去一樣都沒有變」、「在這半年之內慢慢變漂亮，讓男朋友再次愛上我」。

同樣是減重瘦身，但有的人卻沒辦法具體傳達出理想中自己的樣子，或者透過交談，才能察覺自己真正的目的。

然而，店裡的員工和顧客在交談過程中，一起找出答案的做法，其實可以適用在所有行業當中。這是因為，人在購買商品、接受服務的時候，都有一個想要根本解決煩惱的期望。因此，對於初次見面的客人要多多交談，如果把激發洞察力當成你的目標，就能有效的找到顧客真正的需求和期待。

在遇到困難時，試著使用「共同目標」的三個問題，必定會讓你抓住關鍵的潛在需求。

3 ▼ 阻止顧客過度努力

對於店家來說，最理想的經營狀態，不只是交易，而是讓你的商品融入顧客的生活，成為習慣、生活日常。

工作和私人生活之間的平衡狀態被稱作勞逸平衡，也可以理解為在客人的生活當中，讓自己的商品隨之成為其中的一部分。當然，依照商品和服務的種類不同，顧客的消費習慣可能是每日、每週或每月，甚至三個月一次，因此回購頻率也會有所差異。無論如何，關鍵時刻必須讓顧客想起並選擇購買自家商品。

各位除了每日的工作外，一週兩次的嗜好時間、一週一次的物理治療或按摩、又或是每月一次的讀書會或髮廊，這些大多會成為月曆上的固定行程吧。

在我的朋友當中，有人說：「我平常每天下班後都會去髮廊，請人幫我洗頭。」雖然這是比較極端的例子。但是，對這個人來說，與其帶著疲憊的身體立刻回家，還不如借助他人之手來消除疲勞。這樣就算再怎麼忙碌，都能以笑容去迎接小孩或處理家事。

若我們的商品與服務也能成為顧客生活中不可或缺的存在，就是最理想的經營狀態。

以我的工作來說，假設對方的目標是在短期內減重，想利用個人健身教練以最快的時間達到效果，因此，他不惜每天來健身房。假設他每天都來，也就更能接受符合個人需求的指導，不只能瘦下來，健康狀況也會得到完善的照顧，每天都能過得非常健康。但是，這就會產生無可避免的高額花費。

如果連續不間斷的接受一個小時六千日圓的教練課，那麼一個月就要花費十八萬日圓。以普通收入的人來說，如果只是為了達到目的，而勉強上課，那麼勞逸平衡就會遭到破壞。前面提到每天去髮廊的朋友，如果一次洗頭加上吹頭的費用不是三千日圓，而是一次一萬日圓的高級髮廊，那即使能消除疲勞，經濟能力也會無法負擔。

那麼該怎麼辦才好？我想說的是：「不要急著當下出售。而是思考為了能永久持續的販賣商品、提供服務，究竟該怎麼做。」

例如一位還是學生的顧客上門，並表示：「為了瘦下來，我想要一週來上五天的教練課，並且使用信用卡支付。」由於我不希望顧客在財務上出現失衡的狀況，就會果斷拒絕。如果不拒絕的話，可以預想到那位顧客會遭遇許多麻煩。

儘管過多的服務要求可以提升銷售額，但也會導致顧客過度消費，進而引發信用卡負債問題。如果你真心為對方著想，就應該要阻止才對。

寧願失去業績，也要為顧客的幸福把關

與上述道理相同，如果是為了轉職而學習技能的商務教室，若有人為了學習而削減睡眠時間，甚至損害健康，那麼為了這位客人著想，應該要制止對方的行為。我認為小型企業的老闆，應該要防止顧客投入過度的努力、金錢，以及時間。就算店面的銷售額能夠提升，但應該想到對方真正的幸福，並且告訴他：「不要購買這麼多課程比較好。」以此建立信賴關係，這樣才能持續長久的情感連結。

現在的世道，很多人覺得「只要專注當下就好」、「只要自己過得好就好」、「只要賺到錢就好」，就依照顧客的意願來決定買賣。但是這不光只是錢，如果讓客人太過勉強，使對方累倒或者忽略家庭，那麼他就不可能再持續上門。

考慮到顧客的種種幸福，適時制止顧客的要求，同樣是留客術的一大要點。

4 ▼ 幫他的夢想提案

前幾節提到為了激發出客人自己都沒有意識到的洞察力，必須問哪些問題。不過在達成目標之後，客人很有可能沒有意識到自己的下一個夢想是什麼。

為了讓顧客有所意識，和他一起找到新的夢想，並接著行動，這在建立一個長遠的關係當中是必不可少的。接下來要介紹留客術的最後一個階段「創造感動」，透過定期的創造感動，客人就有可能無限的回頭預約。

例如有一個顧客的夢想是成功瘦下二十公斤，並且重新穿上過去的洋裝。她把以前的照片貼在抬頭可見的地方，並非常努力的健身，當她達成目標、穿上那件洋裝時，簡直就像被巨大的感動所擁抱一樣。但是，如果就此滿足的話，那一切就結束了。

在達成一個大目標之後，如果想著要犒賞自己，就開始大吃過去忍住不碰的甜點，那麼就會回到過去的生活模式，很快就會復胖。好不容易嘗到感動的滋味，也會成為遙遠的過去，恐怕過一陣子又會找其他的方式減重。但在反覆減重的過程中，就會逐漸迷失自己。

為了不讓重要的顧客陷入這種狀況，我們應該使用情感連結留客術，讓他們意識到自己的下一個夢想。

以下是一個實際的案例。B小姐深受腰痛困擾，並以減重十公斤為目標，因此她首先參加針對改善腰痛的伸展課程。

有腰痛毛病的人應該會理解，半夜常常會痛到沒辦法好好睡覺，要是能一覺熟睡到天亮，等同於獲得超越期待的感動和喜悅。訓練的過程中，B小姐也很開心的給予回饋：「多虧老師的福，每天的壓力也明顯減輕了。」因此我便建議她正式進入瘦身的環節，並問：「有需要加上飲食的指導嗎，還是只靠伸展？」

以這個問題為契機，B小姐開始在自己的腦海裡想像了，一邊注意飲食一邊瘦下來變漂亮的自己，因此她當場很有幹勁的回答：「飲食諮詢也麻煩您了！」

由於飲食的品質會直接影響到內臟脂肪，B小姐從那時候開始，只花了半年多就減了七公斤，衣服的尺寸也跟著變小。另外，職場上的同事也告訴她：「妳瘦下來變漂亮了！」因此她滿意的笑著說：「我每天都開心得不得了。」

那時距離她的目標還有三公斤，我又問她：「目前還滿順利的。身體曲線也改變許多，那麼接下來的目標是什麼呢？」B小姐回答：「我想要讓腳踝變得更細一點。我的腳踝一直很粗，根本沒看過自己的阿基里斯腱。」一聽完這番出乎我意料的回答，我也說：「那接下來就是打造美麗的雙腿，我們一起加油吧！」如今我們正朝著新的夢想一起前進。

設定下一個目標的理想時機

當顧客即將達成最初目標時，請主動提問。

身為經手這項商品、服務的人，你理所當然的會比客人更早知道成果。因此需要早客人一步，在他覺得快到達目標之前引導，並設定下一個目標。

以鋼琴課程為例，即使學生認為還需要更多時間練習，老師也應該察覺，從技術層面來看，學生已具備演奏該曲目的基本能力，是時候進到下一首。並且告訴學生：「這首曲子就彈到這裡，要繼續下去了。」同時提供新的曲子，讓學生更進一步；若是牙醫診所，那有可能就是「現在的蛀牙治好了之後，要進入刷牙的練習，來維持健康的牙齒」、「接下來需要美白嗎」等進階的治療項目。

在健身房流汗的人、去音樂教室的人、在牙醫診所接受治療的人，只專注於眼前的話，就會很難看到其他的事物。

所謂的其他，指的是未來的事物。光是告訴他們之後有更美好的世界在等著你，人們想要挑戰的心情、探求的欲望、對夥伴關係的信賴度都會提升。相反的，人一旦達成了目標，情緒就會冷卻下來，一旦停下腳步，就不容易再前進了。

正是因為計畫還沒有達成，必須趁著還抱持著熱忱時，提供下一個目標，讓客人維持興趣與雀躍的情緒，是一種非常有效的接客技巧。

每個人都有著不同的人生，懷抱著各式各樣的煩惱、人生的分歧點。如果想要維持長遠的關係，就別忘了審慎的評價這位客人的成果，引導他們設立下一個目標，保持穩定的動力。

無論你從事哪一種行業，一定可以為顧客的下一個幸福做出提案。

5 ▼ 販賣十年後的幸福

在這一章的最後，為了讓回頭客十年後也能上門，我要說明改變顧客視角的重要性。

如同前面所提到，當客人將視線集中於某些事物上時，就只能看到眼前的狀況。因此他們會思考要如何更快、更有效率的達成日的，作為尋找商品或服務的動機。在健身業界裡，會看見「兩個月集中瘦身課程」等吸引目光的標語，很多客人就會朝著這種課程飛奔而去。

但是這有可能會變成非常可怕的劇毒。一旦過了約定好的兩個月，這項商品就會失去效力。即使短期內成功瘦身，若缺乏持續性的目標與管理，很快就會復胖，有的人甚至會比瘦身前還要重。

我之前因為參加健美大賽，在六個月之內減掉十九公斤。雖然比賽獲得了優勝，不過我在大賽後就失去了目標，隔天連吃了兩間拉麵店，才一個月的時間就回到原來的體重，反而讓身體變得更不健康。

由於不想要讓自己的客人經歷跟我相同的狀況，因此在指導客人減重時，會採取循序漸進的方式改善日常生活，並且在十年後也能維持體態的方法。

當然我並不認為兩個月集中瘦身課程就是不好，客人也是因為有兩個月之內要瘦下來的需求，才選擇了這個課程。**但是站在商家的角度來說，比起兩個月之後短暫的美麗，我們更有責任販賣十年後的幸福。**

換句話說，不僅限定於客人當下要買的商品，我們要抱持著對顧客未來美麗的樣貌做出貢獻的意志，來改變對方的觀點。我在接待顧客的時候，始終抱持著這樣的心態：「為了對顧客未來十年的美麗負責，這十年期間的課程費用將分期收取。」這樣的想法若能傳遞給客人，那麼我們之間的關係就不會在短期間內結束，而是在十年後依舊是對方不可或缺的好夥伴。

如果對方相信每週都來這裡，自己就能變幸福，那麼即使最初是因為兩個月集中瘦身課程相遇，當課程結束後「不再去了」的想法便不會出現，反而主動選擇留下。

有一位我在二十多歲時認識的客人，至今已參加我的健身課程長達二十年，剛開始他來的要求是想在短期間內瘦下來，但是他現在的目標改為維持身形，並且打造能夠健康運動的身體。這位已經五十歲的客人，直到今天也看起來年輕有活力。同時讓我了解持續健身，身體就不會變老。

相反的，變成毒藥的狀況，就是賣完的當下就結束彼此的連結，再也不關心客人。比方說你向經銷商買了一輛汽車，除了法定的汽車檢驗之外，為了維持汽車的狀態，銷售員應該會定期通知檢查的時間。

但假設你付了錢之後，銷售員就再也不跟你聯絡，那會發生什麼狀況？由於忽略了必要的維修，車子很有可能會突然故障，產生一些意料之外的花費。這個時候，你或許會覺得：「這個人為什麼沒有早一點聯絡我？」或者你為了到國外出差，上了三個月的集中英文課程。但在這之後，對方也沒有向你推銷接下來的課程，因此課程結束之後，你很快就忘了之前所學的英文。

對於自己有興趣而花錢的服務，如果什麼收穫都沒有，那就太不值得了。如果店員能夠告訴你：「持續十年，未來就會有意想不到的幸福在等著你喔。」那麼你或許就會過上，與世界各地的人用英語交談的人生。

運用留客術，對照自己的工作內容，以專業的角度向顧客描繪：「十年後，這樣的幸福在等著你。」替對方照亮未來的方向。

第 5 章

所有服務都是為解決煩惱而存在

1 ▼ 顧客為什麼只給你一星？

對零售業來說，在Google地圖的評論裡，**所獲得一星的評價當中，每兩個就有一個是客人對服務態度的不滿**（出自二〇二一年日本評價學院網站「零售商店的評價調查」）。當消費者對服務態度不滿，就會毫不留情的打上一星評價，並在網路上公開批評。

現在有許多的事物與服務都逐漸商品化，無論選擇什麼，只要高品質、低價格，顧客都能獲得某種程度的滿足。而且在網路上，只要按下按鈕，就能完成交易。

若是需要透過以人為媒介購買商品或服務，顧客往往希望能從態度親切、讓人感到舒服的銷售員或業務手中購買。現今，**商品或服務並非單獨存在，我們必須把販賣的人也看成是商品的一部分。**

將自己商品化的三個重點

因此為了要將自己商品化，並抓住客人的心，在這裡要介紹三個我正在努力進行的事情。

第一，自己也要成為這項商品、服務的使用者。

為了解顧客的煩惱，我們也要成為客人。我會以一位透過這項商品或服務解決問題的使用者出發，站在比顧客更早一步的位置，提供「經驗者」的建議。

第二，提供服務的人，也要和顧客討論自己的煩惱。

我經常會和客人說：「我想要新開這樣的課程，你覺得怎麼樣？」作為話題和對方討論。此外，當新冠疫情導致客人減少時，我會很老實的跟客人說：「其實我也很擔心會經營不善。」當你信賴對方，並坦率展現自身的弱點，才能贏得對方的好感與關照，進而獲得長久的支持與照顧。

第三，當客人逐漸遠離時，即使冒著被討厭的風險也要試著挽留。

過去曾經有一位六十多歲的男性顧客對我說：「老了以後要花很多錢，所以不想再來健身房了。」考量這位客人的健康，因此我誠實的對他說：「如果您想要維持目前的身體年齡，就必須定期的來健身房訓練。如果停止的話，會越來越不健康，將來反而要花更多錢。」聽到我這麼說後，他最終還是選擇持續鍛鍊。

儘管有時候會被當作推銷，但是我認為強烈主張持續的好處、停止的壞處是很重要的。

經營之神松下幸之助有句名言：「以誠實、謙虛的態度，並懷著熱忱去做。」我並沒有做什麼特別的事將自己商品化，只要作為顧客的人生陪跑者並誠實的經營，就會自然而然的成為一項非常優秀的商品。

在下一節，我將針對這三個我正在努力做的事情，更加詳細的說明。

2 ▼ 他的煩惱，你的商機

就如同我反覆提到的一樣，這個世界上的商品、服務，要說都是為了解決人們的煩惱而存在，其實一點也不誇大。正因為想從煩惱中解放，獲得心靈上的滿足，即使價格較高，顧客仍願意購買。因此，更應該引導對方說出真心話，找出對方真正的煩惱。

然而有一些煩惱很難說出口，例如「嘗試減重十次但全部失敗」、「對於職場中的人際關係很煩惱」，「想透過活動身體消除壓力」等。如果真的成為了深藏在心底的煩惱，我們也會因為不知道該怎麼詢問而困擾。

畢竟突然間要干涉他人的隱私，很有可能會招致反感，但如果保持的距離太遠，又會無法傳達感情的溫度。我們應該要怎麼做，才能按下打開對方內心的開關，讓他自然的對我們訴說煩惱？此處希望大家建立兩種情感連結。

第一個就是一邊分享自己的故事，一邊尋找與對方的共通點。

我曾有一位系統工程師的顧客，那時他才剛來健身房不久，還沒有真正向我敞開心房。有一天，我向他提到了健身房的預約系統，並說出了自己的不滿：「我們正在變更自家系統，可是實在是太難了，因為我完全不熟悉電腦操作……。」聽到我這麼說，他回答：「我的客人裡也有很多像你一樣的人喔，我懂這種感受。」於是對我產生了共鳴，從那個時候開始，我們就成為能夠輕鬆交談的關係。

自從我開始說出真心話之後，對方或許覺得比較容易搭話，甚至主動說出自己對身體的煩惱。直到今天，彼此的關係都是一邊笑著說：「雖然○○先生對我來說是電腦老師，不過這段時間就由我來擔任你的體態管理老師。」便進入課程。

像這樣的實踐模式，**從有點不好意思的告白開始，隨後對方逐漸願意敞開心扉，與我分享他的煩惱，彼此產生共鳴，進一步提出更深入的問題**，我認為是可行的。

以這位客人來說，由於能實際按照他的煩惱來安排課程，因此他的身體逐漸產生了變化，煩惱也逐漸消除。換句話說，我們讓他獲得自己所追求的幸福，商品的價值也在此刻真正傳遞至顧客的手中。

顧客離店之際的閒聊

另一個則是徹底做好售後服務。

在日本，當你買完衣服的時候，店員經常會說「我送您到店門口」，並且提著紙袋，跟在客人身後；或者在加油站，離開時店員會引導車子至車道，並且拿下帽子一鞠躬；在餐廳也是如此，主廚會走到餐廳外面，低下頭鞠躬說「期待您再度光臨」，而這麼做會讓消費者想要說出：「我還會再來的！」並回過頭露出笑臉揮揮手。相信身為顧客的各位，都有過這樣的經驗吧。

就算已經完成結帳，也不是當下說完「謝謝、好的、再見」就結束，而是**在自己能力所及的範圍內，盡可能的陪伴對方**，這正是非常重要的顧客服務精神。光是這麼做，顧客的回頭率就會有顯著的改變。

不過，為了要聽出對方的煩惱，就必須打破隔閡、建立親近感的對話。所以請利用僅有的短暫時間，盡可能的跟對方閒聊。

比方說體驗課程結束後，你可以問對方：「今天的課程還好嗎？」、「您之後要去哪裡嗎？」這種自然對話，有助於創造邁向下一步關係的契機，也能在課程結束後，讓對方輕鬆的回到原本的狀態。為了避免錯過這樣的瞬間，應該要放下老師的身分，以人與人之間真誠往來的心情，試著建立連結，就能超越老師與學生的關係，對方也會為你打開心房。

我有一位高齡的女性顧客也是如此。她當初來到健身房的理由是改善運動不足，在我徹底執行與後續跟進的過程中，她坦承其實自己困擾於左右腳的長短不一，走路的姿勢不正確。儘管看了整形外科和整復所，但都沒辦法改善這個煩惱，因此來到我的健身房。

對於這位客人來說，要說出她的自卑之處，我相信非常需要勇氣。但是了解她的煩惱後，健身教練能更容易的做出最好的應對，讓她走路的方式更自然，而她目前的身體也保持在不錯的狀態。這位客人表示：「就算不是醫生，也有自我改善的方法呢！」她在說這句話的時候，臉上的表情洋溢著開心與驕傲。

每當客人來到店裡，持續的閒聊是深入了解客戶的良好時機。「面對這個人的話，我就能說出煩惱了」、「我想要跟這個人討論」，請試著陪伴客人，讓他們產生這樣的想法，就算會稍微花點時間，但是若能聽到客人的真心話，就能帶給他們發自內心感到滿足與喜悅的商品。

3 ▼ 你是你自己商品的頭號愛用者嗎？

如果你希望客人能比目前更加了解商品的好處，或是在知道商品之後，能增加更多回頭客的話，那麼有一件事很重要，就是**自己要徹底的使用這項商品**，也就是成為世界第一的愛用者。

這是因為，如果持續的使用，你就能真正理解這項商品。這麼一來，也能把商品的好處、優點，以及商品的本質傳達給客人。

如果是表面上的優點，那麼任誰都可以馬上感受。但如果你變成了世界第一的愛用者，那將能親自體驗一些只有自己才明白的好處，或是要特別留意的問題。我曾聽一位深信阿育吠陀（按：印度古老醫學系統）的老師說過：「知識只要透過經驗，就會成為智慧。」知識若無法實際發揮作用，便毫無意義。關鍵在於妥善運用，並透過實踐轉化為智慧，才能帶來真正的行動力與應用力。無論客人的要求是什麼，都能夠讓他們滿意。

以總是在排隊的熱門義大利麵店舉例來說，就是老闆親自走訪各處好吃的義大利麵店，不惜辛苦的研究各種義大利麵。正因為有這些經驗，才能把美味的餐點端到客人的面前。

無論是哪一種產品或生意模式，這個原則都是通用的。以我來說，除了擁有瑜伽教室老闆的頭銜，我本身也是瑜伽老師。然而，平日無論再怎麼忙碌，我還是會花一個半小時的時間，開車去找我的瑜伽導師，從早上七點開始阿斯坦加瑜伽課程（按：一種古老的瑜伽練習方式，透過深度的呼吸與運動，達到流汗、排毒、淨化、療癒的效果，讓心智專注穩定）。

這是因為如果自己停止學習，是無法教導他人的。我有一套「越是好的老師，就越要成為好學生」的理論，所以即使平常是擔任指導別人的角色，還是很重視這個能鞭策我、讓我回到初衷的地方。在這樣的生活當中，也會發現到受人指導的心情。

訓練課程當中，由於精神很集中，大腦可以處理的資訊量其實是有限的。我也曾經因為太過專注，發生即使導師說右腳，但我還是舉起左腳的經驗。人在注意力集中時，就算提供很多訊息，大腦也會進入無法負荷的狀態。

就連身為教練、老師的我也會這樣，那我的學生想必更辛苦。考慮到他們越是認真，就會越無法執行過多的任務，我意識到在指導的時候，必須更加簡潔易懂。另外，我在教練研修的時候，也會這麼告訴我的學員。

此外，透過持續的活動身體，偶爾也會在腦海裡突然浮現出「這位客人這麼做，成效應該會更好」的靈感。我同時也會配合每個人的身體習性與特徵，來改變指導時的對話、說明方式等。有時候，導師說了激勵我的話，我也會用相同的方式去鼓勵學生。

成為世界第一的愛用者，是學會技術與教誨，並能夠將其轉化為自己的能力。為了顧客將來的幸福，我認為應該毫不吝嗇的多加運用。

4 ▼ 分享與對方的共同體驗

當遇到一個客人，無論你怎麼問他，他都不太說出真正的期望或是真心話。這時候很容易就會把錯怪在客人身上，心想「反正他根本就不想講話吧」。

但是實際上，只要轉換溝通的方式，就能簡單的讓對方說出內心的想法。那就是心理學中的自我揭露（self–disclosure），透過坦承的說出自己內心或私人的資訊，會帶來緩和對方警戒心的效果。

人都有一種認知，即內心的事只會告訴自己信賴的人。因為聽到這些資訊的人，很有可能會散布出去或者被惡意曲解，是伴隨著風險的一件事。所以藉由說出重要的情報，就能傳遞信賴他人的訊號，也能夠拉近與對方的距離。

例如在客人初次體驗課程時，都會抱持著店員一定會推銷的警戒心。而這種警戒心，是為了迴避自己可能會碰上危險的本能，當你一直提出問題，對方就會緊閉心門。以顧客來說，向初次造訪的店家袒露自己的煩惱，並非易事。

在這種時候，**與其提問，不如先試著表露真實的自己，特別是個人的短處**。如此一來，對方也會比較容易打開心門。

比方說：「我高中的時候沒有參加社團，一放學就馬上回家，所以我很了解不擅長運動的人是什麼心情。」當你這麼說時，客人的安全感就會提升、並慢慢的放下心防。這麼一來，就能創造出讓顧客更容易發言的環境了。

然而，自我展現是大忌。如果你對來上體驗課的人說：「我下次會參加健美大賽，目前正在積極健身。」在客人的心裡，只會覺得你是在炫耀，反而讓對方感到不快。如果你的一舉一動都是想要讓自己看起來更棒，最終的結果只會在他人心中的形象造成負面影響。

其實不僅是顧客感到不安，接待客人的我們也會很緊張。這時候建議**一開始可以說出一些自己的小煩惱、失誤，甚至感到自卑的地方**。

「你好，我叫○○，經常有人說我的名字很少見、筆畫很多，小時候我在學習寫名字的時候真的很辛苦。」、「突然變熱了，都不知道要怎麼穿衣服對吧？我今天穿太多了，真是失策。」可以從這樣的交談開始，練習如何自我揭露。

不僅是如此，對方聽到了這樣的小煩惱，也會對此有所回應。以腦科學來看，透過分享自己的自卑之處，能與對方建立情感連結，留下深刻印象，一旦對方發現你也曾經歷過挫折與煩惱，就會不自覺的產生親近感，也更願意分享自己的私事。**這個「共同體驗」，一定能拉近你和對方之間的距離**。當你每次見到客人時，請勇敢的嘗試這些對話。這樣的溝通會產生以下的三個優點：

- 短時間之內緩和對方的心情（讓對方更容易打開心房）。
- 能夠激發對方自我揭露（可以互相交換資訊）。
- 提升親切感（拉近彼此的距離）。

在你和顧客之間，就會培養出特別的關係，也就是情感連結。

5 ▼ 當他主動找你商量問題

當你使用情感連結的技巧之後，客人開始主動和你商量他的煩惱，那就是一個訊號，代表他們開始覺得你或者你的店，是必要的存在。

在有人前來諮詢時，應從自身商品或服務中，找出能解決其煩惱的方案。但是當你沒有這樣的商品時，就應該要誠實的告訴對方。

重點是要真心的面對客人的煩惱，避免讓問題解決變成推銷行為。對還沒上軌道的小型企業而言，許多經營者往往只關注商品是否能售出，所以戴上親切的面具，把客人的煩惱當成牟利的工具。

此外，在辛苦經營時，有些老闆即使收到諮詢或商量，也會覺得無法帶來銷售、浪費時間而不願意投入心力，對煩惱中的客人視而不見。

即使現在的行為無法為你帶來任何銷售額，但越是在艱困的時候，就更要為對方盡全力。這樣當客人苦於煩惱的時候，你就會成為立刻浮現在他腦海裡的存在。

建立信賴關係的方法

這是從一位保險業務員聽來的故事，名為「一朵花運動」。多年來，她每週都會造訪負責地區的法人團體，並且會帶上一朵花、畫上插畫的手寫卡片送給對方。

但是，光是這麼做，人們還是不會想要簽保險。儘管這個舉動讓她在某間企業裡認識許多員工，巧遇時甚至會寒暄幾句，社長還曾對她說「一直以來謝謝妳」，但關於保險簽約的後續卻遲遲沒有進展。在這過程中，即使收到跟保險沒有直接關係的諮詢，她也在當天就迅速的回應，但也總是獲得一句「謝謝妳的幫忙」再無下文，其中甚至還有「我正在找結婚對象，妳能幫我介紹嗎」這種無理的請求。

突然有一天在閒聊時，社長突然吐露了最近的煩惱：「想要充實員工福利。」、「想要以公司的立場守護員工的健康。」因此她提出了完全符合企業需求的保險商品，雙方一來一往，很快便達成簽約共識。令人意外的是，她其實已固定造訪這裡長達五年之久。

這位銷售員說：「就算跟簽約沒有直接關係，但因為長期建立信賴關係，所以突然有需要的時候，就能獲得他們的信賴。」現在不光只是法人契約，據說從社長到董事等高層管理人員的個人契約，都由她來負責。

從這位業務員的故事能得知，**即使無法立即成為自身利益，只要真誠的持續為對方付出力所能及的最大努力，便能成為對方心中深刻的存在。**在這樣的信賴關係當中，就能成為對方傾訴重要煩惱的對象。

當潛在客戶向你提出與本業無關的困擾時，務必要親切的幫助他們解決問題。此後，必定會出現只有你能處理、因你而解決的問題主動上門。

6 ▼ 你的關鍵時刻，我都在

我一直有著一個「讓遇見我的人，人生變得更加美好」的理念。

我認為，和每位客戶皆維持至少三年以上的往來關係，透過不間斷的關注與陪伴，才能傳遞最適合顧客的商品與服務。並且在這個過程中，以此成為專業人士，我也時常這樣提醒後輩。換句話說，就是持之以恆。

只要有了這個覺悟，就能超越知識或者經驗。這樣說或許有些矛盾，但是面對一位顧客，花上三年的時間認真的看待他，在這之間也會看到自己的不足，並且開始儲備知識、累積經驗。所謂「抱持著覺悟與人交往」，就是這麼一回事。

而抱持著這種覺悟與人相處，意味著將踏入他人的人生，同時也讓對方成為自己人生的一部分。無論是什麼行業，都是一樣的道理。

成為對顧客人生不可或缺的存在

在我身為健身教練的人生當中，有一位讓我特別印象深刻的顧客。

C是我往來長達二十年的客人，某一次細菌侵襲了他的骨隨，必須緊急住院。當他在住院時，我收到他的聯絡訊息：「我暫時沒辦法過去健身房，等我出院再麻煩你了。」因此我和他約定，康復後再開始訓練。

C出院後，儘管他拖著腳，仍如約前來。從一開始必須以仰躺的方式訓練，只經過一個月，他的身體便大致恢復，幾乎沒有留下後遺症，並回歸正常的生活。

我對他說：「就算是生同一種病，如果是完全沒有運動的人，也不會這麼快康復。」而C聽了也表示有持續運動實在是太好了。

實際上，在這不久之前，他還曾經有一段時期說出不想再健身的想法。但是我建議他可以把目標改變成如何健康的生活，並培養良好的生活習慣。儘管後來意外的生了一場病，不過也帶來了出乎意料的好事。當他說：「我的人生還是少不了健身啊，之後還要請你多照顧了。」我相信這些話都是出於真心的。

甚至當他緊急住院時，還記得打電話給我，讓我真實的感受到，自己在他的人生中扮演了不可或缺的角色，這次的插曲也成為我持續前行的重要動力。

另外，人生還有一個名為結婚的轉機。

D小姐從二十歲左右開始，定期造訪我的健身房，至今已有三年左右的時間。原本的目的是減肥，但在決定結婚後，轉為在婚禮前從六十五公斤減至四十五公斤。

那時候，我請D小姐的母親一起參與，並協助她的減重計畫。健身訓練的同時，如果在家裡也能徹底執行飲食管理，就能比只靠運動更快的接近目標。當時我也很年輕，相較於現在，技術也較為不足。不過，為了在婚禮之前達成目標，我用盡所有的方法，只為了讓D小姐感動。

多虧了那樣的付出，大約一年的時間，她成功瘦到四十五公斤，甚至邀請我去參加婚禮，看到她身穿美麗的婚紗，臉上浮現幸福的笑容時，我真的感到很開心。

婚禮開始後，她的丈夫拿著麥克風說：「請看看今天的D小姐！真的很漂亮對吧。這都要多虧了坐在這裡的健身教練日野原先生。」在沒有事先通知，又被要求上臺說話的情況下，讓我當下腦子一片空白。

但是D小姐能閃耀的站在她的人生舞臺上，對身為健身教練的我來說，是一件特別感動的事，這個瞬間讓我打從心底覺得「健身教練這個工作真好啊」。

如果重視眼前的顧客，對每一個人都抱持著熱忱，你就能為對方的人生帶來色彩，也能因為自己的工作而感到驕傲和幸福。

當然，和客人分享煩惱與痛苦，並且回應他們的要求，需要有所覺悟的投入自己的人生。然而，這些努力能在某種程度上幫助客人讓人生變得更好，那麼你就能與他們分享喜悅，並建立無可動搖的信賴關係。

第 6 章

留客陷阱

1 ▼ 被奧客討厭的勇氣

賺錢生意是仰賴提升顧客滿意度，來促進回頭客的增加，並創造出持續性的銷售額維持存量經營。因此，這三點非常重要：

- 親自體驗商品的優缺點，加以理解，並傳達給顧客。
- 理解顧客的需求，因為什麼而困擾、真正想要的是什麼、希望受到如何的對待。
- 基於以上這兩點，向顧客提出最合適的建議。

也就是說，以顧客為主角，透過店裡的商品、服務解決煩惱，為他們帶來笑容和幸福，這就是身為銷售者的使命。但是，顧客並不是上帝也不是神。就算是再小的店也要有規則，並非無視這些規定，盲目的聽從客人的一切要求。

歌手三波春夫是把「顧客就是上帝」這句話傳遍全日本的人，但他本人也說，大家對這句話的解釋已經和本意不同了，他在網站上這樣寫著：「我在唱歌時，就如同在神前祈禱，去除了所有的雜念，達到完全清明。我認為如果沒有一顆清澈的心，就無法發揮完美的技巧。所以我唱歌的時候都會把客人當作神來看待。」（出自三波春夫官方網站，篇名〈客人是上帝〉。）

然而，這段話已經背離了當初的本意。有些前來購物的客人，甚至會以這句話作為投訴的藉口：「我是付錢的人，所以你要對我更客氣，客人就是神耶！」

不能盲目的聽從客人一切的要求

讀到這裡的人，或許會覺得這種事不是理所當然的嗎？問題是的確有一些店家被「顧客是上帝」這句話所受限，並且感到相當痛苦。

在我的健身房裡，過去也曾發生過這樣的事。當時有一位客人來體驗瑜伽課程，課程過後他非常滿意，並且表示「我想要成為月費會員，並且來上每週的固定課程」。依照本店的規定，會員需要登記信用卡的資訊。但他卻不願提供，當我們告訴他：「這樣的話，那真的很抱歉，要麻煩您每次在上課之前都要先預約。」他聽到這裡便突然大聲的叫喊、口出惡言：「這間店是怎麼回事啊！你們對客人是什麼態度！現在就給我叫你們老闆出來！」

這番突然改變的態度，讓店員們都感到恐懼，在場的客人也都嚇了一大跳，紛紛皺起眉頭。當時我恰好不在店裡，負責處理此事的店員告訴對方：「我們一定會請老闆親自與您聯絡。」並請他先行離開。

當我聽到這件事後，卻因為不知道該怎麼應對而煩惱。畢竟我們的生意和大型企業不一樣，是屬於深耕地區的經營方式。光是一條負面的網路評價、誹謗中傷，對我們來說都是致命傷害，讓我擔心錯誤的應對會讓狀況陷入最糟糕的局面。

但就算是客人，我也沒有理由讓他隨心所欲，而且不遵守規定的人，對店家來說就不算是客人。畢竟，我不能讓他傷害重要的員工，也不能讓定期光顧的回頭客因為他而感到不快。

因此當我致電給他時，首先向他道歉「剛才發生的事讓您感到不開心，真的非常抱歉」，並一邊選擇不會讓他情緒化的用詞，一邊非常有禮且詳細的說明，不能為了個別的消費者而改變規定。過了一陣子，他便表示算了，隨即掛斷電話，幸好這件投訴並沒有演變成長期的問題。

當然為了要讓生意變得更好，就須認真傾聽顧客的意見，並且完善需要改進的地方，但是意見和客訴是完全不同的兩回事。無論是什麼樣的店都會出現投訴，但如果依老闆個人的判斷接受，最後卻影響到經營、讓員工在精神上承受太大的壓力，那老闆的存在就可以說是失去意義了。

從根本來說，店家應該真摯的面對、對待客人，而客人也應該真誠的回饋店家，彼此之間才能共存。營業額固然重要，但是更應該重視顧客，當有不講理的人上門時，一定要採取決然的態度。同時，也要制定拒絕的規則。例如事前告知「無故取消將收取全額費用」等，就能有道理的提出反駁。

這樣的做法，必定有助於保護那些真心熱愛並願意長期光顧的顧客。

2 深度經營目標客群

招攬客人的基礎決定於，一開始把目標放在哪一種客群。

談到招攬客人，很多人認為盡量讓越多的人知道越好，這樣才能擴展商機。但是小型商家就算這麼做，也不會有太大的效用。這是因為容易接觸的市場，和實際需要商品、服務的活躍市場，有著根本性的差異。

尤其是對小型商家來說，留住第一次來的客人，並增加回頭客、籌備量產經營，才能達到穩定的運作。應該停止無效率且浪費時間的做法，並且把目標放在就算是初次見面，也能心意相通的客人身上。

實際上，回頭客不斷的商家，通常都是善用正確的管道，向目標客群傳達自家的商品、服務的特色與堅持，消除店家與目標客群不一致的狀況。第一次供需的配對順利進行的情況下，就能更容易建立信賴關係，也能大幅提升顧客成為回頭客的機率。

對準目標客群的宣傳方法

以我所經營的皮拉提斯教室來說，我把目標客群設定在三、四十歲的女性。在這當中，又分類為「透過變美麗，來改變人生的人」、「有經濟能力，願意投資自己的人」、「不太擅長運動的人」，如果要瞄準這些客群，那麼與地區有緊密的連結並沒有太大的意義。

這是因為擁有以上狀況的女性，大多是透過網路蒐集資料。由此推斷僅在社群平臺 Instagram 上打廣告，就能達到充分的效果。

例如在季節變換的時候，配合不同時期，推出「促銷活動：新生活開始，用皮拉提斯重塑全新的自己。」、「瘦手臂優惠活動：現在到夏天前還來得及！」招攬目標客群。

如果要吸引年長者的注意，最有效的方式就是把傳單投遞到家中信箱。才藝班、健身俱樂部、處理廢棄物品、和服或名牌商品收購服務、回收用品店也是如此。另外，客群是家庭的話，投遞傳單也是一種很有效的途徑。

也就是說，鎖定目標族群，集中資源在他們經常出沒、關注的地方大力宣傳。這個思考模式就跟在劇場擺放戲劇的傳單，就能吸引喜歡舞臺劇的人，以及絕對不會在小孩很少的地區發放補習班傳單，是一樣的道理。

當然，對於初次來店的客人，請別忘了實踐情感連結留客術。在顧客主導的溝通中，一邊探聽出對方的需求，並在最後有自信的向對方提出「如果是這樣的話，我建議你購買這項產品」。於必要時刻拿出壓軸招式，就是讓對方做決定的關鍵。順帶一提，以我的健身房來說，來參加體驗課程的人有八成以上都成為回頭客，就是多虧留客術的效果。

在招攬顧客的過程中，網站對商家來說也是一個不可或缺的重要平臺。例如餐飲業希望團體客還是散客光臨？髮廊的話，主要客群是男性還是女性？不妨從文字、圖片、色彩搭配等元素著手，仔細思考你想傳達的內容，也建議善用「常見問答」一欄。

有些店家會推廣介紹朋友的活動，不過在招攬客人這一點上，不是介紹越多就會越順利。這是因為，透過介紹而來的客人，不一定會與店家很契合。

此外，對於經由介紹而來的客人所做的後續跟進，以及對介紹人表達的關心，都比想像中還需要更多的心力與付出。有的時候客人會出現優越感，並說出：「我可是你的金主，要給我多點優惠才對啊！」這類的話語也會造成員工不必要的負擔。

與其如此，不如確實的留住目標客群，讓他們長期、定期消費，店家在接待時也相對輕鬆。當店家需求與供給相符，就更容易建立信賴關係，成為優良回頭客的可能性也更高。除此之外，建議店家也可以為了尋找潛在客人，參加各種活動展出，然而此作法並非是為了打廣告。

例如每個週末在東京青山舉行的市集，就聚集了許多對精心製作的手工農作物、加工品（麵包、果醬、咖啡等）有興趣，想要直接和製作者親自交談、挑選的人。在市集上擺著有機蔬果與手工發酵食品，不僅能傳達商品的魅力與手作背後的故事，也能吸引理念相近的顧客。

對於「並非大量製造，因此希望能讓真正了解其價值的人來購買」的店家來說，參加活動也是很好的資訊傳遞方式。

我也曾經主辦過「下町瑜伽Festival」，除了請到瑜伽界權威們前來之外，也和員工們一起實際示範動作、舉辦體驗課程。

舉辦活動的原因是，想要把資訊直接傳遞給「雖然對瑜伽有興趣，但其實不太懂」、「沒有勇氣走進瑜伽教室」的人。透過親自嘗試課程之後，才發現非常有趣，同時也能讓我們的教室在瑜伽業界的能見度有所提升。而活動結束後，我們網站的搜尋量也出現了成長。

由此可見，店家所提供的商品、服務，與實際對商品有需求的人相遇時，就會產生最強的互動效果。

3▼六大留客陷阱，你犯了幾個？

在小型企業當中，會被稱呼為「師」的職業，比我們想像的還要多。例如內科、牙醫、整形外科等診所，整復館、針灸診所、動物醫院、音樂教室、陶藝教室、料理教室、補習班、高爾夫球教練、美容相關、設計相關，以及像我一樣的瑜伽老師、個人教練也會被稱為「老師」。

老師的日文是「先生」（SenSei），表示「先行於人者」。但是走在前面，並不代表就做得比客人好、有豐富的知識，而是你是否比客人更真摯的面對這項商品或服務。

指導健身課時，客人必定會成為我們的學生，但我們是否成為了真正意義上的老師，那又是另一回事了。

站在客人的立場上，常常會稱提供服務的我們為老師，但要是就此滿足，那麼可能會發生客人的煩惱沒有獲得解決的情況下，只徒留老師的稱號，這麼一來你的學生就會減少。

我過去也曾有過這種經驗。當時剛成為健身教練的我總抱持著「想要改變這位客人」的強烈想法，如果對方不按照我所教的去做，就會覺得非常不甘心，並且把錯都推到顧客身上，甚至以「這個客人真是沒眼光」來總結課程。

但實際上，這都是因為當時的我實力不足。如今才了解，過去我的溝通方式非常幼稚而笨拙，也沒辦法配合對方來改變自己的教學方式，更無法透過閒聊讓對方打開心房。結果出現了一些覺得跟我不合的人，便選擇不再出現。但是現在狀況卻不同，越是合不來的人，我反而越想運用接客技巧拉近彼此的距離。就在這樣一來一往的互動中，也逐漸對他們產生了感情。其實越是這樣的客人，越容易變成長期來訪的常客。但在當時，我肯定是散發出「拜託不要再來了。就算你不來，生意也不會變差」的氣息，而當時的我只是因為別人叫我老師，自我感覺良好而已。因此我想舉幾件身為老師不應該做的事：

- 把做不到的事，怪罪在對方身上或發脾氣。
- 聽了顧客的煩惱、諮詢後，卻輕描淡寫的帶過。
- 擺出心情不好的態度、給顧客臉色看。
- 忽略顧客的變化。
- 對顧客施加壓力。
- 聽到有人稱你為老師就洋洋得意，從此停止進步、不再學習。

就如其中一項「給顧客臉色看」，雖然身為店家的我們不需要刻意裝出笑容，但是也須隨時讓自己的心靈保持穩定；相反的，如果無法維持這樣的狀態，就會無法坦率的看待客人，導致難以帶給對方正面的影響、無法為他人解決煩惱的結果。為了防止這樣的狀況，我經常要員工反思自己的思維過程。

這個過程，就是客觀的掌握自己的想法，並加以控制。如果只是「我剛剛在課堂上說了這樣的話合適嗎？」的程度，那麼任誰都做得到。要以站在高處俯瞰自己的方式，冷靜且客觀的審視，並調整自己的言行舉止。另外，「聽了顧客的煩惱、諮詢，卻輕描淡寫的帶過」這一項，很有可能會降低商品的品質，在往後帶來更大的問題。

除此之外，「聽到有人稱你為老師就洋洋得意，從此停止進步、不再學習」，就是滿足於現狀的證據。而這樣的老師是不會受歡迎的，我們必須將學習並進步視為理所當然的事，身為一位老師，如何延長自己的有效期限，全憑自己的努力。反過來說，應該以被稱為老師而自我警惕，如果顧客都是打從心底稱呼你為老師，那麼跟隨你的人便會增加，就能建立當客人出現煩惱時，第一個就會來找你的關係。

4 ▼ 我從不取悅客人

若你提供的服務是學習型課程，初次前來的客人很可能會問你：「我想要盡快解決我的煩惱，有什麼在家也能做的嗎？」這個時候，很多人會因為想留住客人而提供方法。但是，我希望你先有拒絕一次的勇氣。

這是因為，如果客人沒有確實的做到你所教的內容，自然無法解決他們的煩惱。不僅如此，若方法無法有效發揮作用，導致商品的真正價值無法傳遞到顧客的手中，那麼商家就應該承擔這個責任。

尤其是對於尚未建立信任關係的顧客，更不應輕易的延伸教學內容。雖然給予類似「作業」的附加價值，乍看之下似乎是善意的幫助，倘若只為了迎合顧客，可能會導致顧客無法獲得預期效果，最後選擇不再回訪。

避免過早「安排作業」

對課後學習表現出高度期待的客人，往往在初次上課時就充滿幹勁與積極的學習動機。然而，過度急於求成的心態，反而會影響學習效果。越是這種人，當他們無法看出明顯變化時，放棄的機率就會越高。若在此階段貿然給予作業等延伸學習內容，很容易會變成「都是老師的錯，讓我的效果沒有提升」＝「這裡不好」的結論。

但要是你不出作業，想必也是有客人會感到不滿。遇到這種狀況，我都會誠實的這麼說：「我教你在家裡訓練的方法雖然簡單。但是如果沒有持續，那麼就會失去現在的動力，也不會達到效果。所以先持續一個月的課程，之後我再教你適合在家訓練的健身方法。這樣就能維持動力，朝著目標前進。」

就算是整復院，應對的方式也是一樣。身為物理治療師，經常可以聽到類似的例子。就算你緩解了客人緊繃的肌肉、把骨頭調回正確的位置，但如果對方沒有按照你的指示，用自己的方式伸展，有時候反而會讓狀況惡化。倒不如在家裡什麼都不要做，身體反而能確實的改善。

也就是說，如果在途中做了多餘的事，就會造成結果改變。就如原本只要慢慢燉煮的咖哩，卻突然加蘿蔔下去，讓整鍋咖哩變得淡薄無味，或者加入草莓果醬，讓味道變得甜得不得了。那麼之後就算再怎麼調整，也會束手無策。

有時候我也會請客人盡量避免參考網路上的資訊。因為我們所設計的路徑，是針對顧客的個別狀況量身訂做，希望以最有效率的方式達成目的。然而，越是有幹勁的人，更容易搜尋資訊、自作主張的行動，結果在不知不覺中繞了遠路。

因此，如果你有拒絕的勇氣，顧客再次上門的機率反而會上升。

對動力過高的顧客而言，如果沒有完成所期待的成果時，他們就會像洩了氣的皮球一樣，喪失動力。但是如果每次光顧都能得到一些收穫，反而能維持適度的推動力。到了這個時候，再提出作業也不遲。

關於課後作業，同樣是緩和腰痛的腹肌運動，根據不同人的狀態，也會有不同的狀況，應視顧客的身體狀況加以調整，並在確認客人能正確執行指示後，再安排課後作業。此外，配合作業的效果，計畫下一次的課程。所以如果不能對自己的判斷負責任的話，只不過是在取悅客人。

問題不在於布置作業，而是在安排作業後有無後續的追蹤與指導。如果能做到這一點，那麼就能降低客人不再回訪的機率。不僅如此，當成果到達一定程度後再延伸教學內容，反而能更快的抵達客人所計畫的目標。

5 ▼ 避免批評競爭者，尊重同行

無論是什麼行業，都會有同行競爭。當你調查、了解其他公司之後，一定會發覺自己與他人的差異。

以健身業來說，就是「那種訓練方式，不是早就退流行了嗎？」、「二十四小時健身房真的有人會去嗎？」、「主打空手也能去的健身房，夏天不帶換洗衣服的話，滿身大汗不是很麻煩？」、「那家聽說一直都有客訴。」還有像是「黑暗中打拳擊？是什麼健身方法？」、「女僕主題的健身房？不可能吧？」還有其他數不勝數的例子。儘管如此，也請避免對同行做出批判。

當你批判同行的其他商家時，只會產生負面結果。說到底，批評其他店家無異於在說人壞話，這些話語終究會回到自己身上。當批評進入對方的耳朵裡時，就應有心理準備，自己的店也可能成為他人議論的對象。若這些話被自己的顧客聽見，可能會動搖他們對你的信任，更嚴重的情況下，你的店甚至會在不知不覺中淪為他人攻擊的標靶。

此外，市面上新的店家如雨後春筍般出現，劃時代的銷售創意正不斷誕生，如果只是駐足觀望，期待風潮自行退去，那麼風險就會在毫無預警的情況下出現，等你反應過來時，回頭客早已離去。

與其這樣，不如欣賞同業或者學習異業的優點，研究如何讓自己的店更加成長，盡可能的吸收可用之處。你或許會成為一個全新的存在，轉為同業競相仿效的對象。

在進行促使消費者產生購買欲望的宣傳活動時，建議可以引進異業的手法，而不是單單模仿商品。

借鑑異業的行銷方式：傳統點心的轉型

例如某間老字號日式甜點和菓子製造商，為了推銷新商品，他們委託人氣創作者編排舞蹈，該影片甚至在社群媒體上引發了熱議，Z世代（按：通常指一九九七年至二〇一二年間出生的人）紛紛模仿那支舞蹈並上傳影片至社群平臺，產生了二次擴散的效應。另一家和菓子製造商也活用社群平臺X（按：原稱推特）、TikTok和Instagram，成功俘獲年輕人的心，以此促進銷售增長。

和菓子在日本原是較受年長者歡迎的商品，但刻意向數位原生世代推銷的發想，本身就非常出色。而更棒的是，透過調查在社群媒體上爆紅的商品，並將宣傳方式套用在自家商品上，汲取其行銷精髓，最終成功打動年輕族群。我認為小型商家可以充分參考並加以應用。

在不動產業當中，有些公司會推出少見的行銷，例如在銷售現成住宅時，會請一些外型看起來很有吸引力的年輕人在街頭推銷，以搭訕的方式接近對方並用「今天的天氣真好」等話題打招呼，以此引起中年女性的興趣，然後帶她們參觀樣品屋，最後完成簽約。

除此之外，雖然不是行業之間的競爭，但如果目標客群相同，我也建議可以設想顧客的生活型態，探討如何有效執行宣傳與行銷策略。然而**行銷的做法千變萬化，最重要的是尊重同行的其他商店，並傳遞自家商品、服務的優點**。這就是能否獲得客人信賴、分出勝負的分水嶺。

專業棒球選手也不例外，越是優秀的選手，反而更尊重其他隊伍，稱呼對方的同時，加上日本敬語中的「さん」（San）表示尊敬。小型企業皆是同理，正因為有業界的存在，生意才得以成立。

我們應該有所認知，自己所經營的商品與服務，是建立在產業的推動與支持之上。在尊重同行的過程中推進自家的業務，才能實現共存共榮。

第 7 章

讓顧客變成粉絲

1 ▼ 創造必須來店的誘因

在這一章當中，我要把焦點放在留客術的第六原則，也是最重要的一項——提升「接觸頻率」。創造讓客人能夠定期回頭消費的機制，是做生意最重要的課題。

假如是健康食品、化妝品等回購率較高的商品，可以設計「定期配送方案」，設定持續購買的機制，促進消費者重複上門。當消費成為習慣之後，不僅能降低顧客的流失率，還能提升未來銷售額的可能性。

如果你的生意採取預約制，若不主動激請客人預約下一次課程，他們可能就會不再光顧。

即使如此，還是有一個祕訣，能在不引起客人反感的前提，提升好感度，並維持高頻率的接觸——掌握提前預約的時機。

在我的健身房，開始健身課程之前會先結帳，並且預約下一次的課程。一般而言美容院等商家會在結束課程之後，主動詢問顧客下次預約時段，以此鼓勵消費。

不過我的做法則是在課程開始前詢問。這樣一來，就能面帶笑容的對客人說：「那麼，期待您〇月〇日再度光臨！」並輕鬆的送客。

讓顧客預約「下次」的訣竅

其做法的原理是**在課程開始之前，客人們的動力，也就是意願、積極度最高**。

就和肚子正餓的時候走進餐廳一樣，菜單上所有的東西看起來都很誘人，容易不自覺的點太多。在此時詢問他們，就能確實的提升回頭率。相反的，客人吃飽、感到很滿足時，他們的動力處於較低的狀態。如果這個時候詢問下一次預約的時間，對方也會說：「因為我還不清楚自己的行程，之後再聯絡。」下次的預約也就會不了了之。

雖然這看起來只是件小事，但我們需要重新思考，該在什麼時機點開口，以此有效的引導顧客再次光臨。然而在課程開始之前就預約下一次，其實對客人來說也是有好處。

首先可以在自己方便的日期和時間，預約到自己熟悉的服務人員；另一方面，也能讓顧客有承諾感與行動力，更容易持之以恆。

以健身課程來說，顧客都是抱持著目的前來接受訓練，並且前提皆是持續努力到達成目標為止，一旦由自己親自預約課程，他們的內心便會產生責任感和覺悟。實際上，越是事前預約的客人，越能維持意願和動力，並更容易達成預期成果。

想讓顧客預約的訣竅就是——理所當然的詢問。與其客氣的提問：「如果您方便的話，要不要先預約下次的課程？」不如稍微直白的說：

「○○小姐，下次的預約安排好了嗎？」、「下週也是這個時間來嗎？」餐飲業的話，請不要說：「請問需要餐後的甜點嗎？」而是說：「餐後甜點要吃什麼呢？」要點是**注視著對方的眼睛、以正向的態度，彷彿理所當然般的詢問**。

與其擔心被討厭，不如帶著自信與客人互動。但是或許有人會說：「我沒有勇氣說得這麼直接。」、「在課程之前就預約下一次，難度也太高了吧。」對於主動開口邀請顧客預約下一次，確實容易感到不好意思或難以啟齒。

這樣的話，如果是美容美髮的沙龍，建議可以在店內顯眼處張貼預約資訊或提醒標語「接睫毛的效果有○週」、「下次指甲彩繪的時期是一個月後」的POP海報，或者放置每位設計師的專屬預約日曆等。

又如在修剪頭髮時，可以告訴客人：「現在的髮型，大概過三週左右頭髮就會開始亂翹，建議可以先預約。」、「差不多要進入成人式（按：日本節日）的季節了，如果沒有事先預約，之後可能會較難安排到理想的時段。」說服顧客預約。

也就是說，對顧客而言，我們必須成為「不可或缺的存在」，並且讓這個空間成為他們感到安心與舒適的場所。若能在結帳前，將「下次光臨的建議時間」透過視覺提示或言語溝通，適度的傳達給顧客，就能更自然且有效的引導他們安排下一次預約。

2 ▼ 持續跟進的重要性

對顧客來說，確認購買的服務是否有助於解決困擾，是最重要的事情。比方說剪了頭髮之後，髮型是否適合自己；上聲樂課，是否有按照著老師所教的方式歌唱，比起在付款之前，客人更在意課程之後的變化。

因此我們該做的是確認每次的進度，也就是準備周全的後續跟進機制。當顧客接受服務後，即使只是微小的改善，也能明顯感覺到變化時，他們的焦慮感將因此緩解，並覺得努力獲得回報，滿足度也會隨之提高，想著：「我下次還要再來接受服務。」

接著我將依序說明提升回頭率的後續跟進策略，其關鍵在於：隨時提醒自己，這些行動的本質目的是什麼。

- 步驟一：引導客人說出主觀的資訊，也就是感受。
  在接受服務之後，主動詢問其實際體驗感受，是後續跟進中極為重要的一步。如此一來，便有更高的機率了解客人真正的煩惱或是深層需求。
- 步驟二：傳遞客觀的資訊。
  此步驟的重點在於先滿足客人的認同需求後，再以專業人士的身分做出客觀的評價。透過先肯定並尊重對方的觀點，就能有效建立信任，使顧客更願意聆聽你的意見。在這之後，如果對方有不解之處，你也可以提供其他的看法，這對維持動力、積極度有所幫助，也能期待發展出更好的成果。
- 步驟三：提出下一步的規畫。
  在步驟一時，若能聽出客人真正的需求，就能規畫下一步，與對方以嶄新的態度共享未來願景；若方向正確卻成效不彰，也應該主動提出替代方案。這個時候的重點是避免使用負面的方式傳達訊息。例如：「您的髮質變差了，是時候更換護髮素了。」對方的內心可能會因此受傷。當對方用負面方式溝通時，我們往往會產生反感，這就是人的本能反應。如果改用：「差不多可以開始凍齡抗老囉。光是換一種護髮素，頭髮的光澤也會有所不同。」**在傳遞訊息時，應該以正面的態度為顧客描繪出光明的未來**。

此方法可以套用在任何領域的商家裡，這是因為**每個行業都需要後續跟進**。為了提高顧客滿意度，至少要詢問：「收到的商品有任何問題嗎？」、「開始使用服務了嗎？」確保顧客對商品、服務沒有任何疑慮。

買房子的時候，房仲也會詢問：「距離您搬家差不多過了一個月左右，住起來感覺如何？」、「有什麼在意的地方，或是感到不方便的地方嗎？」因為對於第一次買房子的人來說，他們不清楚哪裡會不方便、哪裡需要注意，因此主動的詢問：「北邊的牆壁比較容易積水，搬進新家的時候是否能幫我注意一下？」、「任何小地方都可以，如果有意見、感想，都歡迎提出。」這麼一來對方也會比較容易回應。

另外，若提到建議方案，光是說：「三個月後方便讓我去您家裡看看嗎？」、「有什麼事都可以打給我，我會隨時處理！」對客人來說就會感到安心。反過來說，若一間店對自家商品的售後服務完全不加以關心，顧客自然也不會有再次購買的意願。

當你在餐廳享用河豚料理後，隔天收到來自店家對於身體狀況的關心訊息，那麼你一定會覺得：「這間餐廳的售後服務竟然做到如此細緻，真是令人印象深刻！」

當這份心意成功傳達給顧客時，不僅能提升對商家的忠誠度，也助於培養回頭客。

3 ▼ 一口氣預約「下次」和「下下次」

在二〇一四年，日本開始出現了私人健身中心RIZAP的廣告，造成了「commit」（承諾、投入、決心）一詞在日本廣泛流行，也讓這句廣告標語「我們承諾您一定能夠達成目標」非常知名。我的健身房同樣也會向顧客保證：「我們一定會協助您達成目標。」然而，要真正實現這個承諾，與顧客之間的信任關係與情感連結，是不可或缺的關鍵因素。

我的健身房和瑜伽教室，會在顧客體驗課程時，和他們約定每週都必須來上一次課。雖然每個人都有不同的目標，不過以大多數的例子來看，一個月只參與一到三次的課程不會有太大的成效。

大家來健身房的目標並不只有達到理想的體重，有的人是參加大賽或需要拍攝，因此，我們會一邊與顧客進行諮詢，一同釐清並設定其人生舞臺上的目標。最終，像兩人三腳的比賽般，與顧客並肩作戰、全力以赴，一起朝著目標邁進。

為此，我訂立了達成目標之前，需要預約「下次」和「下下次」的規則。正因為有長期的計畫，顧客才會願意提前預約。

這一階段的重點是，在每次上課時，都要與顧客確認彼此目前正處於目標的第幾步驟。

如果雙方未能建立起彼此的羈絆與合作關係，顧客自然不會主動提前預約。所謂的「下次預約」，只會被視作確保銷售額而採取的投機策略。

另外，任何生意都能夠採用此機制。不同行業的經營，也能活用不一樣的創意。

●髮廊：為了讓顧客參加店家主辦的「髮型設計大賽」，可以採用

「預約兩次以上，就有參加比賽資格」的方式安排活動。

- 服飾店：為了參加「穿搭選拔賽」，鼓勵顧客定期預約「時尚穿搭建議諮詢」。
- 餐飲店：建立「集點」配合「預約點數加倍」的制度，讓顧客集滿點數除了享有優惠，還能參與「新菜單開發」的活動。
- 老師、指導教練：描繪出「學員到營運人員」，再到「作為講師獨立開業」的職業規畫，讓學員每週至少參加一次課程。

尤其是與顧客的距離越近的小型企業，更能深刻體會到「讓顧客的生活變得更加豐富」所帶來的成就感與喜悅。革命家切．格瓦拉（Che Guevara）曾留下這樣的名言：「人類就像鑽石，只有鑽石才能打磨鑽石。要打磨人類，也只能透過與人類的溝通來實現。」

當你以充實的心情，與顧客一同邁步向前時，雙方就會像兩顆鑽石，在互動中相互磨練、共同成長。

4 ▼ 客製化服務，沒有想像中貴

商品與服務經常透過「附加價值」提升吸引力——也就是在原本價值之上，額外賦予意義或效用。附加價值越高，越能刺激消費者購買，進而帶動店家的收益成長。

如果你為了提升商品的附加價值而絞盡腦汁，不妨嘗試看看提供客製化的服務。

聽到這裡，或許你會覺得：「根據顧客的要求從零開始設計，這根本是不可能的！」、「我沒有那麼專業的技術。」、「沒有這種時間跟成本。」但是請放心，說到客製化，並非如此複雜。我在這裡所說的客製化、量身定製的服務，不需要花費金錢，更不需要花費精力。

客製化，不須花金錢或人力

首先把自己目前的商品詳細的盤點與檢視。如果你的商品是需要技術的服務，或是自己本身就是商品，那麼請仔細的檢視自己所擁有的知識、經驗和技術。接著，將其重新調整和構建，以符合顧客的需求。

如果是健身課程的話，配合客人的狀態設計運動的順序、次數或強度，這就是很好的客製化課程。餐飲業的話，光是重新組合現有的餐點，並不需要特意推出新的商品，也能客製化。

例如法式餐廳，如果知道客人的預約目的是為了慶祝結婚紀念日，就可以在盤子上寫上祝福的話語，或者擺出比平常更華美、能讓客人留下回憶的桌上花卉，招待在套餐裡面沒有的香檳當作驚喜等，這麼做都能成為客製化服務。

順帶一提，我經常去的義式餐廳，會提供冠上熟客名字的「〇〇（先生／小姐）午間套餐」。即使這些套餐內容，只不過是把義大利麵和披薩擺在同個盤子裡。但由於出現顧客提出「兩種都想吃，但分量太多」的需求後，店家便為其定製專屬的原創菜單。當我得知這件事時，不禁感到羨慕。若是我的話，肯定會因此感受到被重視的心情，在一週內至少造訪兩次，只為享用這份「日野原午間套餐」。

我認為所謂的客製化、量身定做，只需要把顧客的資訊，以創意的方式發揮到最大限度，就能完美呈現。

客製化有著特殊的意義，但是卻不需要特殊的技巧，客人一定也會有所察覺，並增加消費的欲望，這就是商品的附加價值。

帶來反效果的客製化服務

其中最忌諱的就是敷衍了事、臨時拼湊出來的商品。儘管店家認為那是為了客人所量身定做的服務，若對方並未接受或認同，那就毫無意義。

此外，技術類型的商家經常會出現提供的商品、服務並沒有符合對方的需求或煩惱，而是以自己的興趣和偏好為主。

也就是說，就算擁有再豐富的知識、技術或經驗，若與顧客之間沒有建立起信賴關係，就無法了解對方的需求，只能做到半吊子的努力。

若是能踏實的與顧客建立情感連結，充分掌握顧客的資訊，就能提出符合的方案，這在任何的商家當中都可以完美運用。

日常觀察顧客的興趣、喜歡的顏色、行動模式等。資訊越多，能提供的方案也就越多，比方說商品的顏色、建議用途、不同的價格等。

如果是美甲店，不是採購專屬於這位客人的指甲油，而是可以從現有的顏色選擇中組合搭配，並提出屬於這位客人的設計。重要的是身為商家如何真摯的思考，自己能為顧客做出多大的努力。

當客人的滿意度超越了期待值，就會認為自己與店家有所連結，這時他們成為這間店的回頭客也就不遠了。

5 ▼ 七個實用的閒聊話題

對於經營店家的人而言，若無法掌握與顧客之間的日常互動技巧，將難以建立長期穩定的信賴關係。即便是看似無關緊要的閒聊，本質上卻是促進「對方正在關注我」的感受來源。若能藉此發掘彼此的共通點，便能有效鞏固顧客心中對你的信任與依賴。

雖然話是這麼說，但是也有不少人是不擅長閒聊、表達能力不好的類型，所以我在此提供七個實用的閒聊話題。

● 天氣、季節的話題：「每天都好熱啊，您有什麼方法預防中暑嗎？」、「快到賞花的季節了，您會去看櫻花嗎？」

- 店家附近的資訊：「您知道車站旁邊新開了一間超市嗎？」
- 對方的變化：「您換新髮型了嗎？」
- 對方的工作：「最近工作很忙嗎？」
- 對方的興趣嗜好：「〇〇您是不是喜歡搞笑藝人？」
- 最近的話題：「您看過世界棒球經典賽了嗎？」
- 自己想問的話題（進階技巧）：「我打算從秋天開始跑步，〇〇您平時有在跑步嗎？」

若從這些閒聊的話題開始，想必溝通就能順利進行。

除此之外，如果對方是男性，可以談論時事、金融、經濟、電動、漫畫、高爾夫球、汽車的話題；女性的話可以聊關於電視、各國連續劇、電影、欣賞的藝人、美妝、時尚、血型占卜、寵物、旅遊等，這些都可以說是經典不敗的閒聊話題。

請找出你和客人之間的共同點，積極的展開對話吧。

將閒聊化為回頭購買的技巧

請牢記在閒聊時顧客所告訴過你的資訊。

尤其是來店消費的目的、對方很重視的興趣嗜好，只聽一次通常很容易忘記，但是再問一次相同的事，會給人不好的感覺。這樣不僅會讓對方的動力一口氣下降，對接待人員的信任感也會大幅減少。讓店家本來以為找到了輕鬆的必勝話題，結果反而讓關係惡化。

但也有值得借鏡的例子，例如有些員工不僅記錄顧客在健身過程中的進展，甚至連對話中提及的瑣事與偏好也一併記下。雖然不到松本清張《黑革手帳》（按：描寫一位女性憑藉手腕與野心謀求上位，利用掌握的「黑資料」進行談判、脅迫、反制的日本小說）的程度，不過正因為把無關緊要的閒聊都當作珍貴的顧客資訊，最後得以收穫顧客深厚的信賴。

在預約顧客抵達前，透過查閱事先記錄於筆記本中的對話重點與個人資訊，就能迅速掌握當日可延伸的談話主題。這時只需簡單的詢問：「○○您之前說的那件事，後續怎麼樣啦？」便能輕鬆開啟對話，以此建立信賴關係。

不過，辛辛苦苦寫的筆記，只是用在閒聊那就太可惜了。**閒聊只是獲得顧客資訊的第一步，最終還是要連結到如何讓客人願意回頭購買我們的商品和服務**。在介紹商品時，若能舉出貼近顧客生活的例子，將有助於他們理解產品並增加興趣。

例如，有一位女性顧客對高爾夫球感興趣，而她來健身房的主要目的是為了瘦身，那麼我就會這麼對她說：「就像打高爾夫球時稍微屈膝的站姿，試試看做出一個揮桿的假動作。」、「沒錯，這時候不要轉動腰部，並且要挺胸對吧？現在的訓練，就是要加入高爾夫球中挺胸的動作。」

當我這麼說之後，對方就能充分了解，並且更容易做出正確的動作。也就是說，透過了解顧客的資訊，就能有效率的傳遞商品價值。

試著透過閒聊提升同理心，並提供符合客人需求的最佳服務。這麼一來，就能緊緊抓住客人的心，彼此之間的連結也就不會輕易鬆脫了。

6 ▼ 當客人說「不想再來了」時

當互動親密的顧客向你表達終止服務的意願，一定會讓人覺得很難過。比起銷售額降低，失去了一直以來支持店家的客人所帶來的衝擊、無法把商品的優點傳達給客人的懊悔，便會像重擔一樣壓在心頭。

但是不能就此放棄，就算知道對方可能會討厭你，也請問出「為什麼不想再繼續下去」的理由，這樣店家就能發現商品或服務中的不足之處，並進行調整與改善。一般來說，客人不想再繼續的理由有以下三點：

●理由一：現實層面的狀況。

儘管覺得有來的必要，但是因為外在因素搬到了比較遠的地方。如果客人仍保有意願，即使搬家也希望持續使用你的服務，當你的商品是課程類型，則可以考慮透過網路課程持續提供；或者，如果對方搬家的地區有你信賴的合作夥伴，也可以為客人介紹。

但如果客人是因為家庭或工作的因素，今後沒有辦法再繼續的話，那你可以給他一些建議，讓他在家裡也能進行，以維持在今後隨時都可以重新開始的狀態。

●理由二：經濟的問題，導致無法再繼續課程。

如果是經濟方面的問題，儘管覺得有持續的必要性。但是客人的收支已經無法達到平衡，沒辦法做出像過去一樣的課程提案。已經感受到了效果，卻無法再繼續時，顧客也會因此感到後悔。為了能夠細水長流的持續，我建議可以提出這些方案：「每週一次的課程改為隔週一次。」、「個人教練課改成團體課。」等。

●理由三：不再感受到商品的必要性。

這裡值得注意的一點是，顧客之所以開始使用你的商品，是因為曾真實感受到其優點。正因如此，面對這類顧客時，更應以世界第一愛用者的立場，提供專業且貼切的建議。

比方說在動力、積極度下降的客人當中，也許有人已經忘了當初所聽到的商品說明，並說：「我已經沒有感受到像當初一樣的抗齡效果了。」那我們就應該要重新向他解說商品。「我們之前有提過，持續進行加壓訓練，透過限制血流，會讓乳酸在血管內累積，從而刺激腦部，並分泌出生長激素（Growth Hormone），又稱逆齡賀爾蒙，所以你的皮膚一定有慢慢變好喔。」讓顧客回想起自己究竟是為了什麼所花費。

就如保養品中的精華液也是一樣的道理。剛開始用時覺得效果很好，但持續使用之後，就會變得理所當然。往往要等到停止使用兩、三個月之後，人們才會驚覺，原以為所想的一切，其實並不是那麼理所當然。而聽到我這麼解釋之後，幾乎所有的人都表示希望繼續接受服務。

為了避免勉強推銷顧客，身為賣家，應該真誠且深入的思考如何為顧客未來的人生帶來實質幫助，盡可能陪伴客人到最後，讓他理解正確的資訊，並誠實告知停止商品之後會有什麼樣的變化。

後記
我的專業是販售感動

在最後，我想提起我和健身的相遇。

大學時代我加入了戲劇社，畢業後仍持續參與戲劇表演的相關活動。有次一位前輩對身為動作演員的我說：「如果你想靠當演員維生，就應該健身、鍛鍊自己的身體。」

於是我開始前往健身房訓練，但過了一段時間後便想：「與其花錢去健身房，不如成為健身教練，從中獲取收入。」

雖然當時的我曾參與知名演員藤原龍也主演的電影演出，但作為一名演員一直處於不溫不火的狀態。不過，身為健身教練的我，卻有許多客人

指名參加我的健身課程，也因此成為了最受歡迎的人氣教練

我想，這其中的原因是我從當演員的經歷中，學到了這樣的哲學：「舞臺不能只靠一個人創造。無論是再有名的演員，也需要和其他的演員、觀眾融為一體，才能成就最棒的表演。」

這種價值觀在我成為健身房老闆後，發揮了極大作用。身為健身教練與客人互動時，我清楚知道自己是在與觀眾一同搭建舞臺，其最終目標是創造感動，幫助顧客達成目的，讓這場演出得以完美落幕。

想要創造感動，就要為每一位客人寫下迎來幸福結局的劇本。為了這個理念，我犧牲睡眠做了大量的功課，並取得二十種專業證照。一開始我的健身房並沒有所謂的健身清單，而是依照顧客各自的目標安排課程，為了提供具備說服力且真正有效的課程內容，就必須擁有專業性。這也是我考取各種證照的主要原因。

但是光有證照並不能迎來幸福的結局，還必須有能把正確訊息傳達給對方的溝通技巧。在這個時候發揮效用的，就是這套能與顧客建立互信關

係的「情感連結留客術」。

日文單字中的互信關係來自法文，原本的意思是搭建橋梁。若沒有橋梁，人就無法渡河；同樣的，若沒有互信關係，雙方的心靈就無法真正相通。這樣一來也就無法陪顧客走到令人感動的最後一幕。所以我使用了留客術，與客人建立起能放心傾訴內心煩惱與真實想法的深厚關係，陪伴客人邁向幸福。

當然過去我也經歷許多失敗，但支撐我走下去的動力，是我賭上人生立下的目標——「Life is Beautiful＝讓每個與我相遇的人，人生因此變得更加美麗」。這當中也包含著期望與我相遇的人，再與其他人相遇時，也能將幸福傳遞出去的意思。

我今後的任務有「擔任健身教練直到六十歲」、「培養熱門的教練與講師」、「擴大以企業為對象的上門瑜伽服務」、「針對小型企業的顧問」等，不過這些任務的根本目的，都是源自於希望能讓這些人展現笑容。透過培養能和顧客共享感動的健身教練，讓顧客發自內心的喜悅。上門瑜伽也是同理，透過瑜伽，我希望那間公司的員工們都能擁有更加愉快的心情。

而這些共同點在於，打造良好的溝通連結，讓彼此產生互信關係，這也是我最終的目標。為了達成這個夢想，今後我也會持續的使用情感連結，真誠的面對每一個人，創造一同達成目標的感動，並建立堅定的心靈羈絆。

非常感謝大家閱讀到最後。

若本書所傳達的內容，能成為您經營小型事業時，提升回頭客的行銷啟發，那麼身為作者，再也沒有比這更讓我開心的事了。

國家圖書館出版品預行編目（CIP）資料

賺錢生意，八成業績來自回頭客：我的「情感連結留客術」，不花錢培養回流客。健身房、美容美髮、餐飲、顧問諮詢……各行業都適用。／日野原大輔著；郭凡嘉譯. -- 初版. -- 臺北市：大是文化有限公司, 2025.08
256頁；14.8×21公分. --（Biz；493）
譯自：神・リピート集客術
ISBN 978-626-7762-00-4（平裝）

1. CST：顧客服務　2. CST：顧客關係管理

496.5　114007874

Biz 493

賺錢生意，八成業績來自回頭客

我的「情感連結留客術」，不花錢培養回流客。
健身房、美容美髮、餐飲、顧問諮詢……各行業都適用。

作　　者／日野原大輔
譯　　者／郭凡嘉
責任編輯／陳語曦
校對編輯／陳映融
副 主 編／馬祥芬
副總編輯／顏惠君
總 編 輯／吳依瑋
發 行 人／徐仲秋
會 計 部｜主辦會計／許鳳雪、助理／李秀娟
版 權 部｜經理／郝麗珍、主任／劉宗德
行銷業務部｜業務經理／留婉茹、專員／馬絮盈、助理／連玉
行銷企劃／黃于晴、美術設計／林祐豐
行銷、業務與網路書店總監／林裕安
總 經 理／陳絜吾

出 版 者／大是文化有限公司
臺北市100衡陽路7號8樓
編輯部電話：（02）23757911
購書相關資訊請洽：（02）23757911　分機122
24小時讀者服務傳真：（02）23756999
讀者服務 E-mail：dscsms28@gmail.com
郵政劃撥帳號：19983366　戶名：大是文化有限公司

香港發行／豐達出版發行有限公司　Rich Publishing & Distribut Ltd
香港柴灣永泰道70號柴灣工業城第2期1805室
Unit 1805, Ph. 2, Chai Wan Ind City, 70 Wing Tai Rd, Chai Wan, Hong Kong
電話：21726513　傳真：21724355　E-mail：cary@subseasy.com.hk

封面設計／林雯瑛
內頁排版／黃淑華
印　　刷／韋懋實業有限公司

出版日期／2025年8月初版
ISBN／978-626-7762-00-4
電子書 ISBN／9786267648957（PDF）
9786267648940（EPUB）

Printed in Taiwan
定價／新臺幣460元
（缺頁或裝訂錯誤的書，請寄回更換）

KAMI・REPEAT SHUKYAKUJUTSU "ICHIGENKYAKU" O "ISSHOKYAKU" NI KAERU "BONDING SEKKYAKU" by Daisuke Hinohara

Original Japanese edition published by FOREST Publishing Co., Ltd., Tokyo.

This Complex Chinese edition is published by arrangement with FOREST Publishing Co., Ltd., Tokyo in care of Tuttle-Mori Agency, Inc., Tokyo, through Keio Cultural Enterprise Co., Ltd., Taiwan.